# CorelDRAW X5

中文版　从入门到精通

麓山文化　编著

机械工业出版社

CorelDRAW 是目前最流行的矢量绘图软件之一，是快速实现从入门到精通、从新手到高手的 CorelDRAW X5 经典案例教程，全书以精辟的语言、精美的图示和范例，全面深入地讲解了 CorelDRAW X5 的各项功能和在平面设计中的应用技巧。

全书共 14 章，分为基本功能篇和商业案例篇两个部分，第 1 章~第 8 章为基本功能篇，全面讲解了 CorelDRAW X5 各项工具和功能的操作方法和使用技巧，内容包括软件界面、视图工具、图形绘制、图形编辑、轮廓和填充、对象操作、文本处理、交互式特效、位图编辑、位图特效和打印输出等；第 9 章~第 14 章为商业案例篇，以 42 个经典商业案例，分门别类地讲解了使用 CorelDRAW X5 进行 VI 设计、插画设计、海报设计、广告设计、折页设计、包装设计的方法和技巧。

本书语言通俗易懂，讲解深入、透彻，案例精彩、实战性强，读者不但可以系统、全面地学习 CorelDRAW 基本概念和基础操作，还可以通过大量精美范例，拓展设计思路，轻松完成各类商业设计的工作。

为了方便读者学习，本书配套光盘不仅包含了案例素材和最终文件，还特别赠送全书所有实例的语音视频教学，成倍提高学习效率和兴趣。

本书既适用于 CorelDRAW 初学者，也适用于中高层次的平面设计爱好者和专业设计人员阅读参考，也可以作为职业院校相关专业教材。

## 图书在版编目（CIP）数据

CorelDRAW X5 中文版从入门到精通/麓山文化编著. —北京：机械工业出版社，2011.3

ISBN 978-7-111-33325-8

Ⅰ．①C⋯　Ⅱ．①麓　Ⅲ．①图形软件，CorelDRAW X5　Ⅳ．①TP391.41

中国版本图书馆 CIP 数据核字(2011)第 018176 号

机械工业出版社（北京市百万庄大街 22 号　邮政编码 100037）

责任编辑：杨少彤

印　　刷：北京鹰驰彩色印刷有限公司

2011 年 3 月第 1 版第 1 次印刷

184mm×260mm・20.5 印张・673 千字

0001－4000 册

标准书号：ISBN 978-7-111-33325-8
　　　　　　ISBN 978-7-89451-876-7（光盘）

定价：58.00 元（含 1DVD）

凡购本书，如有缺页、倒页、脱页，由本社发行部调换

销售服务热线电话（010）68326294　编辑热线电话（010）68327259

购书热线电话（010）88379639　88379641　88379643

封面无防伪标均为盗版

# 前　言　PREFACE

## · 关于 CorelDARW

CorelDRAW 是目前使用最普遍的矢量图形绘制及图像处理软件之一，该软件集图形绘制、平面设计、网页制作、图像处理功能于一体，深受平面设计人员和数字图像爱好者的青睐。同时，它还是一个专业的编排软件，其出众的文字处理、写作工具和创新的编排方法，解决了一般编排软件中的一些难题。

## · 本书特色

本书是一本快速实现从入门到精通、从新手到高手的 CorelDRAW X5 经典案例教程，全书以精辟的语言、精美的图示和范例，全面深入地讲解了 CorelDRAW X5 的各项功能和在平面设计中的应用技巧。

本书具有以下 4 个特点：

### 1. 非常适合初学者

本书完全站在初学者的立场，对 CorelDRAW X5 中常用的工具和功能进行了深入阐述，要点突出。书中通过大量小案例来讲解基础知识和基本操作，然后通过精心编写的实例演练使读者及时复习知识点，保证读者学完知识点后即可进行软件操作。

### 2. 知识全面系统

CorelDRAW X5 是一个大型的软件，应用非常广泛。随着版本的升级，其功能越来越强大和丰富。本书从最基本的 CorelDRAW X5 软件界面使用方法开始，以循序渐进的方式逐步深入地讲解了 CorelDRAW X5 的各项功能和技术。

### 3. 图文并茂，理论与实践完美结合

为了激发读者的兴趣和引爆创意灵感，全书很多插图和示例构思巧妙，创意新颖。这些案例涵盖 CorelDRAW X5 的各个领域，例如创意、文字、纹理、修饰照片、广告、招贴、海报、平面印刷等。

本书既突出基础知识，又重视实际应用。书中的基础部分大多通过图文清晰地展现出来，实例部分以兼顾知识点和艺术性作为创作原则，涉及实践中的各个方面，内容几乎占全书的一半。读者在学习的过程中，不仅能够在技术上保证知识的全面性，而且能够提高自己的审美观念，轻松进入更高学习层次。

## 4. 多媒体教学课程，提高学习兴趣和效率

全书配备了多媒体教学视频，可以在家享受专家课堂式的讲解，成倍提高学习兴趣和效率。对于重要命令或操作复杂的命令，结合演示性案例进行介绍，步骤清晰，层次鲜明。有什么问题和疑问，还可以观看配套光盘提供的详细的视频演示，无后顾之忧。

## · 创作团队

本书的创作团队有着严谨的学术作风、扎实的理论基础和丰富的专业知识。由于长期从事图形图像类软件的教学和研究，对如何将软件和艺术设计巧妙地结合，以及教学和图书编写怎样更有利于读者学习，都有着自己独到的见解和独特的方法。创作团队的教师都具有丰富的实践经验，在艺术设计领域中经常发表自己的作品，也为大型企业和公司设计制作了大量的形象广告和宣传品。

参加本书编写的有：陈志民、陈运炳、申玉秀、李红萍、李红艺、李红术、陈云香、陈文香、陈军云、彭斌全、林小群、刘清平、钟睦、刘里锋、朱海涛、何晓瑜、廖博、喻文明、易盛、陈晶、张绍华、黄柯、何凯、黄华、陈文轶、杨少波、杨芳、刘有良、刘珊、赵祖欣、齐慧明、胡莹君、包晓颖、黄立、向利平、杜为、邓斌等。

由于作者水平有限，书中错误、疏漏之处在所难免。在感谢您选择本书的同时，也希望您能够把对本书的意见和建议告诉我们。

联系邮箱：lushanbook@gmail.com

麓山工作室

# 目 录

## CONTENTS

前言

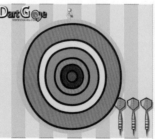

## 第2章　基本绘图方法

## 第3章　图形编辑

## 第 4 章　交互式特效

## 第 5 章　文本编辑

# 第6章  位图编辑

# 第7章  滤镜特效

## 第 8 章　文件输出

## 第 9 章　VI 设计

## 第 10 章　插画设计

## 第 11 章　海报设计

## 第 12 章　广告设计

# 第13章　折页设计

# 第14章　包装设计

# 第 1 章

# CorelDRAW X5 快速入门

本章重点

◆ 初识 CorelDRAW X5　　◆ 认识 CorelDRAW X5 工作界面
◆ 文档基本操作　　　　　◆ 视图操作
◆ 页面辅助　　　　　　　◆ 页面设置
◆ 实例演练

　　CorelDRAW 是一款创意非凡的矢量绘图软件，它能够将人们脑海中的创意转换为可视化的具有专业效果的作品，因而深受广大设计师推崇和青睐。

　　本章作为全书的开篇，首先对 CorelDRAW X5 的基本概况、工作环境和基本操作作一个简单的介绍，使读者对 CorelDRAW 有一个全面的了解和认识，为后面的深入学习打下坚实的基础。

## 1.1 初识 CorelDRAW X5

要学习 CorelDRAW，首先需要了解 CorelDRAW，CorelDRAW 不仅是专业设计工作人员的"利器"，也是业余爱好者手中锦上添花的工具。下面通过图文并茂的讲解，带领大家进入 CorelDRAW X5 的世界，共同来领略它的风采。

### 1.1.1 CorelDRAW X5 简介

CorelDRAW 是由加拿大 Corel 公司推出的一款矢量绘图软件，经过对图形处理功能的增强和绘图工具的不断完善，CorelDRAW 现已发展成为全能绘图软件包。

CorelDRAW 在图形图像领域中是一款比较优秀的矢量图形软件，常见的历史版本有 8.0、9.0、10、11、12、X3 和 X4，通用版本为 9.0 和 X4，目前的最新版本是 CorelDRAW X5。

CorelDRAW 绘图设计系统集合了图像编辑、图像截取、位图转换、动画制作等一系列实用的功能。在 CorelDRAW 中可以绘制的图形几乎涵盖了所有标准基本图形，并且每个对象都具有不同的属性，这些属性包括尺寸、形状、填充样式、轮廓线样式等。

用户可以随意更改对象的属性设置，直至得到自己满意的效果。而且它还提供了多种路径编辑工具，使用这些工具不但可以准确地调整、定义路径的形状，还可以创建多种特殊的形状效果。

在 CorelDRAW 中，颜色的使用也非常灵活，可以通过多种渠道来完成，如使用调色板、滴管工具、填充工具和"颜色"泊坞窗等。此外，还可以进行渐变填充、图案填充和纹理填充等。

除了绘制图形外，CorelDRAW 还具有功能强大的位图处理功能，丰富的滤镜功能使其不再只局限于创建模糊或者聚焦的简单效果，而能够对位图添加多达几十种的特殊效果。

CorelDRAW X5 与以前的版本相比增加了许多功能，如颜色滴管工具和 B-Spline 工具的新增，矩形工具和颜色填充工具的完善等等。此外，CorelDraw X5 还增加了对大量新文件格式的支持，包括 Microsoft Office Publisher、Illustrator CS3、Photoshop CS3、PDF 8、AutoCAD DXF/DWG 和 Painter X 等。

CorelDRAW Graphics Suite X5 是最新的产品套装，功能强大。它由矢量绘图程序、页面排版、矢量文件转换工具等组成，使 CorelDRAW 的应用领域更加广泛，设计师不仅可以绘制图形、编辑文字外，还可以利用位图处理功能编辑出不同的图像效果。

CorelDRAW 已成为目前最流行的设计软件之一，无论是文字排版还是高品质输出，CorelDRAW X5 都有独树一帜的表现力。

### 1.1.2 CorelDRAW X5 应用领域

CorelDRAW 是图形设计、排版、文字编辑和高品质输出于一体的设计软件，被广泛应用于广告设计、包装设计、文字处理和排版、插画绘制、企业形象设计、书籍装帧设计、海报设计等众多领域。

#### 1. 广告设计

所谓的广告就是通过各种不同的媒介使更多的人知道该产品，以增加曝光率，达到盈利目的。在平面广告设计中，很多设计师选择使用 CorelDRAW 来设计制作广告。CorelDRAW 在平面广告的设计制作中发挥着重要作用。如图 1-1 所示为使用 CorelDRAW 中的绘图工具绘制的广告，表达形象生动，令人耳目一新。

图 1-1　广告设计

## 2．包装设计

包装的成败对产品的推广有着至关重要的作用，CorelDRAW 中工具和命令对制作包装的平面图和立体图提供了强有力的支持。如图 1-2 所示为使用 CorelDRAW 制作包装效果。

图 1-2　包装设计

## 3．文字处理和排版

CorelDRAW 具有专业的文字处理和排版功能，不仅能对个别文字进行艺术调整，还可以对大量的段落文字进行排版处理，最大限度地满足用户的创造力，如图 1-3 所示为使用 CorelDRAW 完成的文字版式的效果。

图 1-3　文字处理和排版

## 4．插画绘制

插画是设计中经常用到的一种形式，CorelDRAW 具有强大的插画绘制功能，主要用于升华文字的主题，CorelDRAW 的应用使插画作品具有更多的表现形式和手法，如图 1-4 所示是运用 CorelDRAW 绘制的插画。

图 1-4 插画绘制

### 5. 企业形象设计

CorelDRAW 在 VI 设计方面应用非常广泛，好的 VI 设计不仅设计独特，更能充分表达企业形象和文化内涵，运用 CorelDRAW 制作的企业形象识别系统如图 1-5 所示。

图 1-5 企业形象设计

### 6. 书籍装帧设计

精美的书籍装帧设计可以更好地吸引读者的注意，而书中的版式设计可以帮助读者更好地阅读记住文字内容，组织视觉逻辑关系，通过不同的版式设计可以使书籍产生不同的风格，如图 1-6 所示为使用 CorelDRAW 完成的书籍装帧效果。

图 1-6 书籍装帧设计

### 7. 海报设计

海报是一种宣传画，是用来传递信息的印刷广告，它的特性就是直接明了、开门见山，而且时效性强。如图 1-7 所示为运用了 CorelDRAW 绘图和文字编辑功能设计的海报。

图 1-7　海报设计

## 1.1.3 CorelDRAW X5 新增功能

　　CorelDRAW X5 在 CorelDRAW X4 的基础上进行了更新和完善，新增了 50 多项功能和内容，包括更为完善的色彩处理功能、位图的编辑、图像输出、像素效果预览和绘图工具等，新增的这些功能能更有效地服务于广大用户。

### 1．颜色滴管工具

　　在 CorelDRAW X5 中选择工具箱中的颜色滴管工具之后，光标下方会显示一个小的属性栏，显示当前吸取颜色的色值，单击鼠标左键后，会自动切换到颜料桶工具，这时可以对对象进行颜色的填充，如图 1-8 所示。

图 1-8　颜色滴管工具

### 2．矩形工具

　　在 CorelDRAW X5 中选择工具箱矩形工具，属性栏会显示圆角、扇形角、倒棱角三种边角模式选项。在后面的参数框中分别设置参数，矩形的边角会出现不同的变形。如图 1-9 所示。此外，属性栏还新增了角缩放按钮，其功能是按相对的矩形大小来缩放角的大小，如图 1-10 所示。

圆角模式　　　　　　　　　　　扇形角模式　　　　　　　　　　　倒棱角模式

图 1-9　矩形边角变化

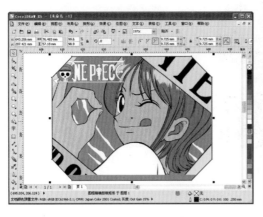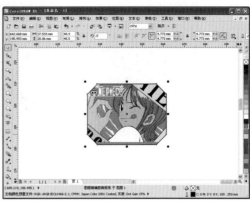

图 1-10　相对的角缩放

### 3.　B-Spline 工具

B-Spline 工具是 CorelDRAW X5 中新增的曲线绘图工具，此工具在绘制图形的时候，单击鼠标左键通过控制点对线条轨迹进行弯曲，使得线条成为平滑曲线。

选择工具箱中的"B-Spline 工具" ，拖动鼠标绘制图形，单击调色板上的橘黄色色块，填充颜色为橘黄色，鼠标右键单击调色板上的黑色色块，填充轮廓颜色为黑色，在属性栏设置轮廓宽度，选择工具箱中的形状工具调整形状，如图 1-11 所示。

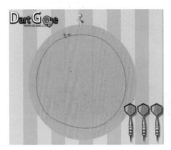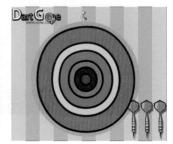

图 1-11　　B-Spline 工具绘制图形

### 4.　颜色填充的完善

在 CorelDRAW X5 中，为对象填充颜色时，颜色填充对话框新增了一个滴管工具，可以在屏幕中的任何位置吸取需要的颜色。在颜色模式下拉列表中，可以选择任何颜色模式，以对比不同颜色的数值，如图 1-12 所示。

### 5.　兼容性的增强

CorelDRAW X5 兼容性进一步增强，不仅可以打开和导入多种格式，还可以与其他图形编辑软件格式进行转换，如打开和保存 AI 格式文件，导出和导入 PSD、DWG、PDF、DOC 等文件格式。

图 1-12　颜色填充对话框

## 1.2 认识 CorelDRAW X5 工作界面

工作界面是 CorelDRAW X5 为用户提供的工作环境，也是为用户提供工具、信息和命令的工作区域，熟悉工作界面有助于提高工作效率。

### 1.2.1 工作界面概述

单击"开始"按钮，选择"程序"菜单中的"CorelDRAW X5"命令，启动程序，将弹出 CorelDRAW X5 中文版的快速启动界面，如图 1-13 所示。

在该界面上可以进行新建文件、打开绘图和打开最近使用过的文件等操作。

单击该界面上的"新建空白文档"按钮可以新建图形文件。系统默认新建的图形页面为 A4 大小，新建文件后的操作界面如图 1-14 所示。

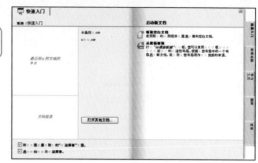

图 1-13　快速启动界面

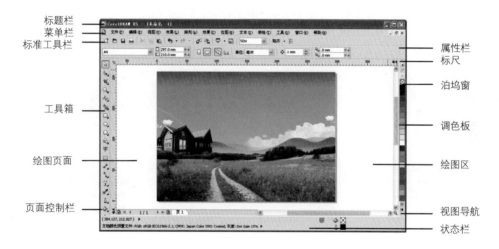

图 1-14　操作界面

### 1.2.2 菜单栏

CorelDRAW X5 的主要功能都可以通过执行菜单栏中的命令来完成，这些命令按照类型，分布在"文件"、"编辑"、"视图"、"布局"、"排列"、"效果"、"位图"、"文本"、"表格"、"工具"、"窗口"和"帮助"共 12 个菜单中。

#### 1. 文件菜单

"文件"菜单集合了所有与文件管理有关的基本操作命令。主要包含文件的基本操作、相关信息、文件导入、导出等操作命令，如图 1-15 所示。

#### 2. 编辑菜单

"编辑"菜单包括对象的复制、粘贴和一些插入操作的命令，它是对图片进行基本操作命令的集合，如图

1-16 所示。

图 1-15　文件菜单　　　　　　　　　　　　图 1-16　编辑菜单

### 3．视图菜单

"视图"菜单包含与版面相关的辅助线、网格和标尺等视图信息命令，主要用于修改工作界面的一些属性、控制视图和显示的模式、制定个性化的工作界面和工具等，如图 1-17 所示。

### 4．版面菜单

"版面"菜单是页面管理和作品组织命令的集合，可以用它对页面进行添加、重命名、删除以及页面设置等操作，如图 1-18 所示。

图 1-17　视图菜单　　　　　　　　　　　　图 1-18　版面菜单

### 5．排列菜单

"排列"菜单是调整一个或多个对象之间相互关系的命令的集合，它包含着对象的变换、修改、对象的顺序、对齐和分布以及对象的群组和锁定等操作，如图 1-19 所示。

### 6．效果菜单

"效果"菜单是为对象添加特殊效果的命令集合。它可以对 CorelDRAW 文档进行调整、变换、透镜、艺术笔等特殊效果的处理，如图 1-20 所示。

图 1-19  排列菜单　　　　　　　　　　　　　图 1-20  效果菜单

### 7．位图菜单

"位图"菜单是与位图相关命令的集合，包含位图的编辑、剪裁，以及与位图处理相关的滤镜等，如图 1-21 所示。

### 8．文本菜单

"文本"菜单是文本编辑、处理命令的集合。它能最大限度地满足用户创造力的发挥，从而制作出图文并茂、美观新颖的文本效果，如图 1-22 所示。

图 1-21  位图菜单　　　　　　　　　　　　　图 1-22  文本菜单

### 9．表格菜单

"表格"菜单是对表格进行插入、编辑处理的命令的集合，如图 1-23 所示。

### 10．工具菜单

"工具"菜单包含了可以对软件进行自定义的定制选项，以及颜色与对象的管理器，如图 1-24 所示。

图 1-23　表格菜单　　　　　　　　　　　　　　　　　图 1-24　工具菜单

### 11.　窗口菜单

"窗口"菜单是一些常规窗口的属性设置命令集合，如图 1-25 所示。

### 12.　帮助菜单

"帮助"菜单是帮助文件相关的命令集合，可通过此菜单寻求网上 Corel 帮助，从而解决用户常遇到的难题，如图 1-26 所示。

图 1-25　窗口菜单　　　　　　　　　　　　　　　　　图 1-26　帮助菜单

## 1.2.3　标准工具栏

菜单栏下方的是标准工具栏，有各种常用的工具按钮，使用这些按钮，可以更快捷、更方便地完成操作。标准工具栏中包括新建、打开、保存、打印、剪切、复制、粘贴、撤销、重做、导入、导出、应用程序启动器、欢迎屏幕、贴齐、缩放级别下拉列表和选项共 16 个快捷按钮，如图 1-27 所示。

图 1-27　标准工具栏

除了标准工具栏外，CorelDRAW 还提供了其他的工具栏，可在"选项"对话框中设置打开或关闭。在菜单栏空白处单击鼠标右键，在弹出的快捷菜单中选择"自定义"|"菜单栏"|"属性"命令，将弹出如图 1-28 所示的对话框，选取需要显示的工具栏，单击"确定"按钮即可。

图 1-28　"选项"对话框

**技巧点拨**

　　在菜单栏、工具栏或属性栏上直接单击右键，在弹出的快捷菜单中可以快速打开或关闭某个工具栏。

## 1.2.4 属性栏

　　CorelDRAW X5 中的属性栏和其他软件的属性栏或选项栏作用一样，提供当前选中对象和当前使用工具的属性，改变属性栏中的参数，可以使选中的对象产生相应的变化。没有选中对象时，属性栏为默认的一些面板和布局的信息，如图 1-29 所示。

图 1-29　属性栏

## 1.2.5 工具箱

　　CorelDRAW X5 的工具箱中全是绘图常用的基本工具，每一个工具都是软件使用者必须掌握的，包括挑选工具、形状工具、裁剪工具、缩放工具、手绘工具、智能填充工具、矩形工具、椭圆形工具、多边形工具、基本形状工具、文本工具、表格工具、多边形工具、交互式调和工具、滴管工具、轮廓工具、填充工具和交互式填充工具等，在带有小三角形标记的工具按钮后，还隐藏着不同的绘制工具，按住按钮不放，即可展开隐藏的工具，如图 1-30 所示。

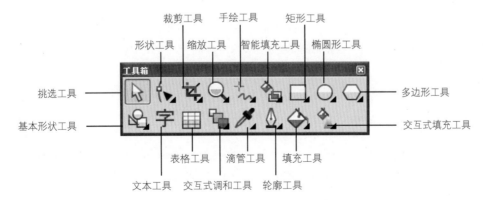

图 1-30　工具箱

## 1.2.6 工作区和绘图页面

　　工作区是指屏幕上的任何图形和其他元素，包括前面所讲的菜单栏、标准工具栏、工具箱、绘图页面等。绘图页面是指绘制图形的区域，其范围没有工作区大，通常显示为一个带阴影的矩形，可以在属性栏中设置绘图页面的大小，对象只有全部放置到绘图页面才可以输出，否则将不能完全输出。

## 1.2.7 泊坞窗

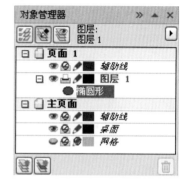

图 1-31　泊坞窗

　　泊坞窗可以放置在绘图窗口边缘，它提供了许多常用功能，执行"窗口"|"泊坞窗"命令，即可选择相应的泊坞窗。泊坞窗的好处就是使设计师无需重复打开、关闭对话框就可以查看所做的更改。如图 1-31 所示是"对象管理器"的泊坞窗。

## 1.2.8 状态栏

　　状态栏位于主界面的最下方，提供了一系列当前所选对象有关的信息。例如对象的填充颜色和轮廓线等，如图 1-32 所示。

图 1-32　状态栏

# 1.3 文档基本操作

　　CorelDRAW X5 的文档基本操作是开始设计和制作作品的第一步。

## 1.3.1 新建文档

　　绘制图形之前，首先要创建新文档，在 CorelDRAW X5 中，可以通过多种操作方法来完成。

- 启动 CorelDRAW X5 后，在弹出的"快速启动"对话框中，单击"新建空白文档"选项，这时会生成空白文档。
- 进入 CorelDRAW X5 后，执行"文件"|"新建"命令，或者按下 Ctrl+N 快捷键，或者单击标准工具栏中的"新建"按钮 ，在弹出的"创建新文档"对话框中设置参数值，设置好文档的属性，即可新建所需的空白文档，图 1-33 所示。
- 进入 CorelDRAW X5 后，执行"文件"|"从模板新建"命令，在弹出的"从模板新建"对话框中选择模板，单击"打开"按钮，即可新建一个以模板为基础的文档，在模板的基础上进行新的改动，如图 1-34 所示。

图 1-33　创建新文档　　　　　　　　　　　　　图 1-34　从模板新建

## 1.3.2　打开文件

执行"文件"|"打开"命令，或按下 Ctrl+N 快捷键，或单击属性栏中的"打开"按钮，打开文件，文件的格式必须是 cdr 格式的，如图 1-35 所示。

⭐ 专家提示

如果要同时打开多个文件时，在"打开绘图"对话框的文件列表中，按住 Shift 键，选择需要的多个连续文件，或按住 Ctrl 键，选择需要的多个不连续文件，然后单击"打开"按钮，即可将需要的多个文件打开在绘图页面。

图 1-35　打开文件

## 1.3.3　保存文件

绘图过程中，为了避免文件意外丢失，需要及时将编辑好的文件保存起来。在 CorelDRAW X5 中保存文件可以通过以下几种方法来完成：

- ◢　执行菜单栏中的"文件"|"保存"命令，或是按下 Ctrl+S 键，保存文件。
- ◢　执行菜单栏中的"文件"|"另保存"命令，在弹出的"另存为"对话框中设置文件路径、文件名和保存类型，保存文件。
- ◢　单击标准工具栏中的"保存"按钮，即可保存文件。

## 1.3.4　关闭文件

完成文件的编辑之后，为了节省内存空间，可以将当前的文件关闭，关闭文件的方法有以下两种：

- ◢　关闭当前文件：执行菜单栏中的"文件"|"关闭"命令，或者按下 Alt+F4 快捷键，或单击菜单栏最右边的按钮，即可将当前文件关闭。
- ◢　关闭所有打开的文件：执行"文件"|"全部关闭"命令，即可将全部打开文件关闭。

## 1.4 视图操作

在 CorelDRAW X5 中，为了取得更好的图像效果，在编辑过程中，应定时查看目前的图形图像。用户可根据需要设置文件的显示模式、预览文件、缩放和平移画面，还可以在同时打开多个文件时，调整各个文件窗口的排列方式等。

### 1.4.1 文件显示模式

在不同的视图模式下，显示图形图像的画面内容、质量会有所不同。用户可以选择"视图"菜单中的相应选项，对文件的显示模式进行调整。CorelDRAW X5 充分考虑用户的需求，提供了简单线框模式、线框模式、草稿模式、正常模式、增强模式以及叠印增强模式共 6 种显示模式。

#### 1．简单线框模式和线框模式

选择"视图"|"简单线框"命令，可将图形文件以简单线框模式显示。在该模式下，所有矢量图形只显示其外框，位图则全部显示为灰度图，如图 1-36 所示。绘图中的填充、立体化、调和等效果不予显示，以加快显示速度。

选择"视图"|"线框"命令，可将图形文件以线框模式显示。在该模式下，显示效果与简单线框模式类似，只是所有的变形对象（渐变、立体化、轮廓效果）将显示中间生成图像的轮廓，不显示填充效果，如图 1-37 所示。

图 1-36　简单线框模式

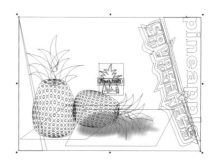
图 1-37　线框模式

#### 2．草稿模式和正常模式

选择"视图"|"草稿"命令，可将图形文件以草稿模式显示。在该模式下，页面中的所有图形均以低分辨率显示，其中花纹填色、材质填色等均显示为一种基本的图案，如图 1-38 所示。

当我们打开一幅矢量图形，默认的显示模式即为正常模式。它既能保证图形的显示质量，又不影响计算机显示和刷新图形的速度。在该模式下，页面中除了 PostScript 填充外的所有图形均能正常显示，但位图将以高分辨率显示，如图 1-39 所示。

#### 3．增强模式

选择"视图"|"增强"命令，可将图形文件以增强模式显示。增强模式为视图模式的最佳显示效果，在该模式下，系统会以高分辨率优化图形的方式显示所有图形对象，并使轮廓变得更自然，从而得到高质量的显示效果，如图 1-40 所示。

图 1-38　草稿模式　　　　　　　　图 1-39　正常模式　　　　　　　　图 1-40　增强模式

## 1.4.2 缩放与平移

在 CorelDRAW X5 中，用户要根据需要调整图形的显示大小和位置，可使用缩放工具和手形工具方便地进行查看和编辑操作。

### 1. 缩放工具

在绘制图形过程中，可利用缩放工具及其属性栏来控制图形的显示大小。缩放工具的属性栏如图 1-41 所示。该属性栏上各参数的含义如下：

■ "缩放级别"下拉列表框 100% ▾：在该下拉列表中可选取所要使用的窗口显示比例。当数值小于 100%时，窗口为缩小显示状态；当数值大于 100%时，窗口为放大显示状态。

图 1-41　"缩放工具"属性栏

■ "放大"按钮 ：此按钮可将绘图窗口中的图形以"2×原大小"的形式进行放大显示，快捷键为 F2。

■ "缩小"按钮 ：此按钮可将绘图窗口中的图形以"原大小/2"的形式进行缩小显示，快捷键为 F3。

■ "缩放选定范围"按钮 ：此按钮可将绘图窗口中所选择的图形以最大化的形式显示，快捷键为 Shift + F2。

■ "缩放全部对象"按钮 ：此按钮可将绘图窗口中的所有图形以最大化的形式显示，快捷键为 F4。

■ "显示页面"按钮 ：此按钮可以将绘图窗口中的图形以绘图窗口中页面打印区域的 100%大小进行显示，快捷键为 Shift + F4。

■ "按页宽显示"按钮 ：此按钮可以将绘图窗口中的图形以绘图窗口中页面打印区域的宽度进行显示。

■ "按页高显示"按钮 ：此按钮可以将绘图窗口中的图形以绘图窗口中页面打印区域的高度进行显示。

■ 在工具箱中选择"缩放工具" ，或者按快捷键 Z，然后将光标移至工作区，此时鼠标指针显示为 形状，单击鼠标左键，可以将图形按比例放大显示；单击鼠标右键，可以将图形按比例缩小显示。

### 技巧点拨

选择缩放工具 后，如按住 Shift 键，鼠标光标将显示为 形状，此时单击鼠标左键将缩小视图，单击鼠标右键则将放大视图。

当需要将绘图窗口中的某一个图形或图形中的某一部分放大显示时，可以利用缩放工具在图形上需要放大显示的位置按下鼠标左键并拖动鼠标，绘制出一个虚线框，然后释放鼠标，即可将矩形虚线框内的图形在绘图窗口中按最大的放大级别显示，如图 1-42 所示。

 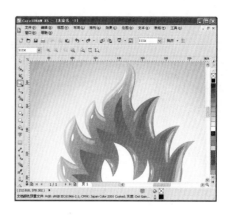

图 1-42 拖动鼠标放大显示图形的局部

### 2. 手形工具

手形工具 🖐 即平移工具，使用它可在不改变视图显示比例大小的情况下来改变视点的位置，也可以放大或缩小绘图窗口中的图形。

单击工具箱中的 🖐 按钮，或者按快捷键 H，将鼠标移动到绘图窗口中，此时鼠标显示为 🖐 形状，按下鼠标左键并拖动鼠标，可以平移绘图窗口的显示位置，以便查看绘图窗口中没有完全显示的图形。此外，在绘图窗口中双击鼠标左键，可以放大显示图形；单击鼠标右键，可以缩小显示图形。

## 1.4.3 窗口操作

通过选择"窗口"菜单下的相关命令，可进行新建窗口或调整当前显示窗口的相关操作。

### 1. 新建窗口

选择菜单中的"窗口"|"新建窗口"命令，将会弹出一个与原窗口相同图像的新窗口，从而达到在新窗口中修改原窗口中的对象，而原窗口中的对象不变的目的，如图 1-43 所示。

### 2. 层叠窗口

选择菜单中的"窗口"|"层叠"命令，即可将两个或多个窗口以一定顺序层叠在一起，这样用户可以任意挑选绘制窗口。单击任意窗口的标题栏，即可将它设置为当前窗口，如图 1-44 所示。

图 1-43 新建窗口　　　　　　　　　　　　图 1-44 层叠窗口

### 3. 水平平铺:

选择菜单中的"窗口"|"水平平铺"命令,可将两个或多个窗口以同等的大小水平平铺显示出来,如图 1-45 所示。

### 4. 垂直平铺:

选择菜单中的"窗口"|"垂直平铺"命令,可将两个或多个窗口以同等的大小垂直平铺显示出来,如图 1-46 所示。

图 1-45 水平平铺

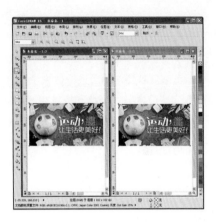

图 1-46 垂直平铺

### 5. 关闭窗口

选择菜单中的"窗口"|"关闭"命令,可将当前工作窗口关闭,同时会对当前绘制的页面图形提示保存信息,如图 1-47 所示。

### 6. 关闭全部窗口

选择菜单中的"窗口"|"全部关闭"命令,则会关闭工作界面中的所有窗口,同时也会对当前绘制的页面图形提示保存信息,如图 1-48 所示。

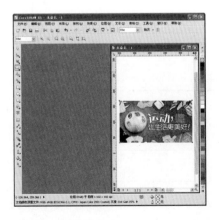

图 1-47 关闭窗口

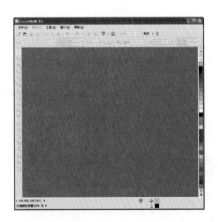

图 1-48 关闭全部窗口

## 1.5 页面辅助

在 CorelDRAW X5 中，可以借助一些辅助工具对图形进行精确定位，如标尺、网格和辅助线等。这些辅助工具均为非打印元素，在打印时不会被打印出来，从而为绘图带来很大方便。

### 1.5.1 设置标尺

标尺可以帮助用户精确绘制图形，确定图形位置及测量大小。

选择菜单中的"视图"|"标尺"命令，即可将其显示出来。若要对标尺进行相关设置，可选择"视图"|"设置"|"网格和标尺"设置命令，打开"选项"对话框。在该对话框左侧列表中选择"标尺"选项，则会打开"标尺"选项卡，如图 1-49 所示，此时可对其相关属性进行适当的设置。

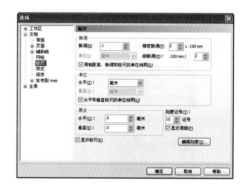

图 1-49 "标尺"选项卡

### 1.5.2 设置网格

网格用于协助绘制和排列对象。在系统默认的情况下，网格不会显示在窗口中，可在菜单中选择"视图"|"网格"命令将其显示出来。

若要对网格进行相关设置，可选择"视图"|"设置"|"网格和标尺"设置命令，打开"选项"对话框，此时系统默认的即为"网格"选项卡，如图 1-50 所示，可在该选项卡中设置网格的相关属性。

图 1-50 "网格"选项卡

图 1-51 "辅助线"选项卡

### 1.5.3 设置辅助线

在 CorelDRAW X5 中，辅助线是最实用的辅助工具之一，它可以任意调节，以帮助用户对齐绘制的对象。

辅助线可以从标尺上直接拖曳出来，放置到页面的任意位置，并可旋转任意角度。若要对其进行相关属性设置，可选择"视图"|"设置"|"辅助线设置"命令，打开"选项"对话框中的"辅助线"选项卡，如图 1-51 所示。在该选项卡中可以对辅助线的角度、颜色、位置等属性进行适当设置。

## 1.6 页面设置

在进行绘图之前,首先要设置图形的页面属性。页面设置主要包括页面大小和方向、页数以及页面的布局等。

### 1.6.1 常规页面设置

#### 1. 选择预设的纸张类型

选择工具箱中的"挑选工具"，在没有选择任何图形或对象的情况下，属性栏如图 1-52 所示。

图 1-52　没有选择任何图形或对象的属性栏

在属性栏中的"纸张类型/大小"下拉列表中可选择任意一种预设的纸张类型，属性栏中的"纸张宽度和高度"也会发生相应的改变。如选择 A3 纸张时，属性栏相应的"纸张宽度和高度"如图 1-53 所示。

#### 2. 自定义纸张的尺寸

除了选择预设的纸张类型外，还可以根据需要自己定义纸张的尺寸。直接在属性栏中的"纸张宽度和高度"数值框中输入相应的数值，如输入宽度为 250mm，高度为 260mm，页面效果如图 1-54 所示。

图 1-53　A3 纸张的宽度和高度

#### 3. 纸张的方向

选择工具箱中的"挑选工具"，在没有选择任何图形或对象的情况下，单击属性栏上的页面方向按钮："纵向"按钮和"横向"按钮，则可以改变纸张的方向，如图 1-55 和图 1-56 所示分别为纵向和横向的页面效果。

图 1-54　自定义纸张尺寸

图 1-55　纵向页面

图 1-56　横向页面

### 1.6.2 插入页面

CorelDRAW X5 中，在一个图形文件中可以设置多个页面。选择"版面"|"插入页"命令，将打开"插入页面"对话框，如图 1-57 所示。在该对话框中直接输入要插入的页数后，单击"确定"按钮即可插入页面。

通过菜单命令插入页面的方法过于繁琐，在希望增加默认页面的时候，更快捷的方法是直接单击页面控制栏上的按钮 ⊞，也可以在当前页之前或之后添加页面。

此外，在页面控制栏上的页面标签上单击鼠标右键，在打开的快捷菜单中选择"在后面插入页"命令或"在前面插入页"命令，也可以插入页面，如图 1-58 所示。

## 1.6.3 删除页面

选择"版面" | "删除页面"命令，将打开"删除页面"对话框，如图 1-59 所示。在该对话框中输入需要删除的页面的页码，单击"确定"按钮即可。

图 1-57  "插入页面"对话框          图 1-58  页面标签上的快捷菜单          图 1-59  "删除页面"对话框

此外，也可以将鼠标放置在页面控制栏上的一个页面标签上，单击鼠标右键，在弹出的快捷菜单中选择"删除页面"命令，被选择的页面将被直接删除掉。

## 1.6.4 定位页面

通过单击页面控制栏中的 ◀ 按钮或 ▶ 按钮，可以按顺序对页面进行翻动。如果单击页面控制栏上的 ◀ 按钮或 ▶ 按钮，则可以直接将页面翻动到首页或结束页。

如果用户的多页文件中的页数太多，可以选择"版面" | "转到某页"命令，在打开的"定位页面"对话框中输入需要翻转的页码数，如图 1-60 所示，然后单击"确定"按钮即可直接翻转页面。

此外，还可以通过直接单击页面控制栏上的数字按钮，打开"定位页面"对话框进行选择定位，如图 1-61 所示。

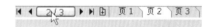

图 1-60  "定位页面"对话框                    图 1-61  单击按钮翻转页面

 技巧点拨

按 Page Up 键和 Page Down 键可以快速预览上一页或下一页。

## 1.7 实例演练

CorelDRAW 在绘制图形中应用极为广泛，下面通过设计制作一张简单的花纹图形来初步学习下 CorelDRAW X5 的基本操作流程，制作完成的花纹图形效果，如图 1-62 所示。

*01* 启动 CorelDRAW X5，在弹出的 "快速启动" 对话框中单击 "新建空白文档"，新建一个默认为大小为 A4 的文件。

*02* 选择工具箱中的 "矩形工具" ，在页面拖动鼠标绘制矩形，如图 1-63 所示。

*03* 选择工具箱中的 "选择工具" ，在选中绘制的矩形之后，再单击绘制的矩形，将矩形处于旋转状态，如图 1-64 所示。

图 1-62　绘制花纹　　　　　图 1-63　绘制矩形　　　　　图 1-64　旋转状态

*04* 将鼠标置到矩形上方的 ↔ 图标上，当光标变为 ⇄ 时，单击鼠标左键并拖动鼠标，到合适的位置释放鼠标左键，得到如图 1-65 所示的图形。

*05* 选择工具箱中的 "填充工具" ，在隐藏的工具组中选择 "均匀填充" 选项，在弹出的 "均匀填充" 对话框中设置颜色为橘红色（C0、M85、Y95、K0），如图 1-66 所示。

*06* 单击 "确定" 按钮，为图形填充颜色为橘红色，如图 1-67 所示。

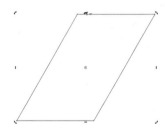

图 1-65　改变形状　　　　　图 1-66　均匀填充　　　　　图 1-67　填充颜色

*07* 鼠标右键单击调色板上的 ⊠ 按钮，去掉轮廓线，如图 1-68 所示。

*08* 选择工具箱中的 "选择工具" ，选中矩形，将鼠标放置到矩形的角顶端，当光标变为 ↗ 时，缩小图形到合适的位置，单击鼠标右键，复制图形，如图 1-69 所示。

*09* 运用同样的方法为复制的矩形填充颜色为橘黄色（C3、M30、Y40、K0），如图 1-70 所示。

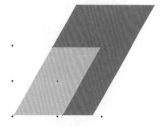

图 1-68　去掉轮廓线　　　　　图 1-69　复制图形　　　　　图 1-70　填充颜色

*10* 选中所有图形，运用同样的操作方法调整形状，单击属性栏中的 "修剪" 按钮 ，如图 1-71 所示。

*11* 选择工具箱中的"选择工具" ⬚ ，选中橘红色图形，拖动鼠标移至到合适的位置，如图 1-72 所示。

*12* 选中两个图形，按住 Ctrl 键，拖动鼠标到合适的位置复制图形，如图 1-73 所示。

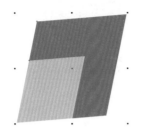

图 1-71 修剪

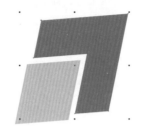

图 1-72 移动图形

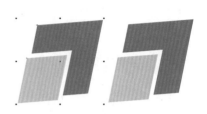

图 1-73 复制图形

*13* 单击属性栏中的"水平镜像按钮" ⬚ ，得到如图 1-74 所示的图形。

*14* 将所有图形选中，按住 Ctrl 键，向下拖动图形，到合适的位置时单击鼠标右键复制图形，单击属性栏中的"垂直镜像"按钮，得到图形，如图 1-75 所示。

*15* 选择工具箱中的"选择工具" ⬚ ，选中不同的图形，为它们填充不同的颜色，如图 1-76 所示。

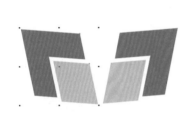

图 1-74 水平镜像

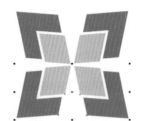

图 1-75 垂直镜像

图 1-76 填充颜色

*16* 旋转图形，得到如图 1-77 所示的最终图形。

*17* 执行"文件"|"导入"命令，导入一张素材，如图 1-78 所示。

*18* 选择工具箱中的"选择工具" ⬚ ，调整好图形的大小和图层顺序，将绘制的图形放置到合适的位置，效果如图 1-79 所示。

图 1-77 最终图形

图 1-78 导入素材

图 1-79 最终效果

# 第 2 章

# 基本绘图方法

**本章重点**

◆ 绘制几何图形

◆ 绘制曲线

◆ 颜色填充

◆ 实例演练

CorelDRAW X5 绘制和编辑图形的功能非常强大。本章将详细介绍绘制和编辑图形的方法和技巧。通过本章的学习，可以熟练地掌握绘制和编辑图形的方法和技巧，为进一步的学习打下坚实基础。

## 2.1 绘制几何图形

CorelDRAW X5 是一款功能强大的绘图软件，提供了多种绘图工具，可以方便快捷地绘制出各种图形。本节将介绍工具箱中的基本绘图工具，包括矩形工具、椭圆形工具、多边形工具和基本形状工具等。基本工具主要用来绘制规则的图形，如矩形、圆、星形等。

### 2.1.1 绘制矩形

"矩形工具"和"3 点矩形工具"都能绘制出矩形，但是"矩形工具"绘制的矩形是与视平线平行的矩形，而"3 点矩形工具"绘制的是角度任意的矩形，在实际工作中可按需要选择合适的矩形绘制工具。

#### 1. 矩形工具

选择工具箱中的"矩形工具" 🔲，在绘图页面拖动鼠标，绘制矩形，按下 Shift+F11 快捷键，在弹出的"均匀填充"对话框中设置颜色为浅黄色（C3、M3、Y32、K0），为矩形填充颜色，鼠标右键单击调色板上的 ⊠ 按钮，去掉轮廓线，效果如图 2-1 所示。

图 2-1　绘制矩形

选择工具箱中的"矩形工具" 🔲，按住 Ctrl 键不放，拖动鼠标绘制矩形，得到正方形，添加背景素材，效果如图 2-2 所示。

> **技巧点拨**
>
> 在绘制矩形时，如果按下 Shift 键的同时拖动鼠标，则可绘制出以鼠标单击点为中心的矩形；按下 Ctrl + Shift 组合键后拖动鼠标，则可绘制出以鼠标单击点为中心的正方形。
>
> 直接双击工具箱中的"矩形工具" 🔲，可以绘制出一个与绘图页面等大的矩形。

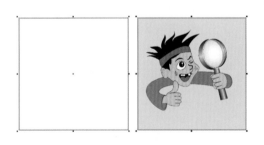

图 2-2　绘制正方形

#### 2. 绘制圆角矩形

绘制圆角矩形的方法有多种：

- ↘ 选择工具箱中的"矩形工具" 🔲，在绘图页面拖动鼠标，绘制矩形，如图 2-3 所示。再选择工具箱中的"形状工具" 🔧，拖动鼠标绘制圆角矩形，绘制完成之后释放鼠标左键，如图 2-4 所示。
- ↘ 选择工具箱中的"矩形工具" 🔲，在绘图页面拖动鼠标，绘制矩形，在属性栏中的"圆角半径"微调框中输入相应的圆角数值，得到不同的圆角矩形效果，如图 2-5 所示。

图 2-3　绘制矩形　　　　　　　　　　　　　　　图 2-4　绘制圆角矩形

图 2-5　圆角矩形效果

> 一般情况下，矩形的 4 个角是同时进行圆滑的，若想只让一个角或两个角进行圆角操作时，单击属性栏中的"同时编辑所有角"按钮，将其处于解锁状态，即可分别为矩形的 4 个角设置圆滑数值，如图 2-6 所示。

图 2-6　设置角圆滑值

### 3. 3 点矩形工具

3 点矩形工具可以画出不同角度的矩形，操作方法如下：

选择工具箱中的"3 点矩形工具"，在绘图页面拖动鼠标绘制一条随意的直线，释放鼠标左键，拖动鼠标绘制矩形，在合适的位置单击鼠标左键即可完成矩形的绘制，如图 2-7 所示。

图 2-7　绘制矩形

2.1.2 **绘制圆形**

绘制圆形有两种工具可供选择："椭圆形工具"和"3点椭圆形工具"。

**1. 椭圆形工具**

选择工具箱中的"椭圆形工具" ⬡，在绘图页面拖动鼠标，绘制椭圆形，如图 2-8 所示。在属性栏中可以设置椭圆形的大小和类型。

图 2-8 绘制椭圆形

选择工具箱中的"椭圆形工具" ⬡，按住 **Ctrl** 键不放，拖动鼠标绘制矩形，得到正圆形，如图 2-9 所示。

图 2-9 绘制正圆形

**专家提示**

在绘制椭圆形时，如果按住 Shift 键的同时拖动鼠标，则可绘制出以鼠标单击点为中心的椭圆形；按下 Ctrl + Shift 组合键后拖动鼠标，则可绘制出以鼠标单击点为中心的正圆形。

绘制椭圆形之后，在属性栏中分别单击"椭圆形"按钮 ⬡ 、"饼图"按钮 ⬡ 和"弧形"按钮 ⬡ ，可得到如图 2-10 所示的不完整椭圆效果。

图 2-10 绘制椭圆形

**2. 3点椭圆形工具**

CorelDRAW 中的 3 点椭圆形工具是根据轴的两点和椭圆上的另一点来绘制椭圆，即先确定轴所在的两个点，再确定椭圆上的另一点，这条轴的长短根据椭圆上的另一点来确定。

在绘图页面绘制一条任意方向的直线，如图 2-11 所示。释放鼠标左键，在合适的位置再次单击鼠标左键，如图 2-12 所示。完成绘制椭圆形，如图 2-13 所示。

图 2-11　绘制直线

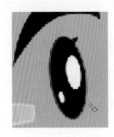
图 2-12　绘制椭圆形

图 2-13　绘制椭圆形

## 2.1.3　绘制多边形

打开"多边形工具"隐藏的工具组，其中包含了"多边形工具"、"星形工具"、"复杂星形工具"、"图纸工具"和"螺纹工具"5 种工具。可针对操作需要选择不同的工具。

### 1．多边形工具

多边形工具的使用方法与矩形和椭圆形工具类似，使用鼠标拖动即可产生多边形，而多边形的边数可以通过属性栏来设定。

*01* 选择工具箱中的"多边形工具" ⬡，在属性栏中设置点数和边数数值，如图 2-14 所示。

图 2-14　多边形属性栏

*02* 设置完成之后，在绘图页面拖动鼠标，绘制多边形，如图 2-15 所示。

*03* 选择工具箱中的"形状工具" ，鼠标放置到任意边的节点上，拖动鼠标，如图 2-16 所示。释放鼠标左键，鼠标左键单击调色板上的橘黄色块填充颜色为橘黄色，鼠标右键单击调色板上的 30%灰色，改变轮廓线颜色，得到如图 2-17 所示形状的图形。

图 2-15　多边形

图 2-16　调整形状

图 2-17　最终效果

### 2．星形工具

星形与多边形类似，都是由多边形衍生出来的，当多边形产生锐利尖角时，就变成了多边星形，而星形则是多边形每个角的连接。CorelDRAW X5 中提供了两种绘制星形的工具：星形工具和复制星形工具。

*01* 选择工具箱中的"星形工具" ☆ ，在属性栏中设置点数或边数和锐度数值，如图 2-18 所示。

图 2-18　星形工具属性栏

*02* 在属性栏中设置边数为 6，锐度值为 85，在绘图页面拖动鼠标绘制星形，如图 2-19 所示。

*03* 填充颜色，并调整好角度，得到如图 2-20 所示的图形。

图 2-19　绘制星形　　　　　　　　　　　　　　　　图 2-20　设置颜色

### 3. 复杂星形工具

*01* 选择工具箱中的"复杂星形工具" ⚙ ，在属性栏中设置点数或边数和锐度数值，与"星形工具"类似，如图 2-21 所示。

图 2-21　复杂星形属性栏

*02* 在绘图页面绘制复杂星形，如图 2-22 所示。

*03* 在属性栏中设置"锐度"值为 3，得到如图 2-23 所示的图形。在属性栏设置"点数或边数"值为 1，效果如图 2-24 所示。

图 2-22　绘制图形　　　　　　图 2-23　设置锐度值　　　　　　图 2-24　设置数值

### 4. 图纸工具

图纸工具即网格纸工具，它是由一系列以行和列排列组成的图形。将网格纸取消群组后，就是一个个的矩形。图纸工具主要用于绘制网格，在底纹绘制及 VI 设计时特别有用。

*01* 选择工具箱中的"图纸工具" 🔳 ，在绘图页面拖动鼠标绘制网格图形，如图 2-25 所示。若想将网格中

的矩形变为正方形，则按住 Ctrl 键，拖动鼠标来绘制网格，如图 2-26 所示。

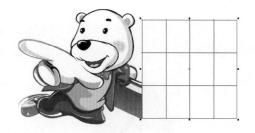

图 2-25　绘制网格　　　　　　　　　　　　　　图 2-26　绘制正方形网格

*02* 选中绘制完成的网格，执行"排列"|"取消群组"命令，将网格分散为多个单一的矩形或正方形。如图 2-27 所示。

### 5. 螺纹工具

螺纹类型包括对称式螺纹和对数式螺纹两类。选择对称式螺纹，绘制的每个回圈之间距相等。选择对数式螺纹，绘制的每个回圈之间的距离渐渐增大。

在多边形工具的隐藏工具组中选择"螺纹工具" ，系统默认的即为对称式螺纹，然后在属

图 2-27　取消群组

性栏中的"螺纹回圈"数值框中输入螺纹圈数。设置好后在工作区中按住鼠标左键并拖动鼠标，当释放鼠标后，即可完成螺纹的绘制，效果如图 2-28 所示。

选择螺纹工具后，单击属性栏上的"对数式螺纹"按钮 ，并设置好螺纹圈数，然后在工作区中按住鼠标左键并拖动，当释放鼠标后，即可绘制出对数式螺纹，如图 2-29 所示。

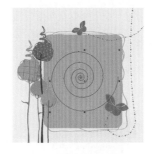

图 2-28　对称式螺纹　　　　　　　　　　　　　图 2-29　对数式螺纹

## 2.1.4　绘制基本形状

基本形状工具组为用户提供了基本形状、箭头形状、流程图形状、标题形状和标注形状几组外形选项。了解这些工具的功能与操作方法，能更快捷地完成绘图工作。打开"基本形状工具"隐藏的工具组，其中包含了多个基本形状的扩展图形工具。

### 1. 基本形状工具

选择工具箱中的"基本形状工具" ，在属性栏中按下"完美形状"按钮 ，在弹出的下拉列表中选择需

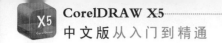
要的图形，在绘图页面拖动鼠标绘制图形，如图 2-30 所示。

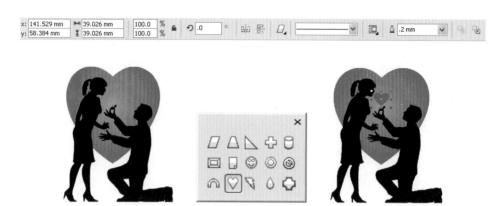

图 2-30　基本形状工具绘制图形

在属性栏中，单击"完美形状"按钮<img>，在下拉列表中选择需要的形状，在绘图页面绘制图形。在线条样式的下拉列表中选择样条线，效果如图 2-31 所示。

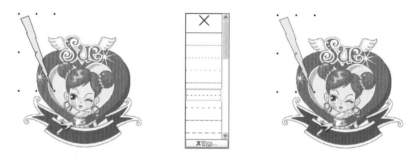

图 2-31　设置样条线

#### 2．箭头形状

选择工具箱中的"箭头形状工具"<img>，在属性栏中按下"完美形状"按钮<img>，在弹出的下拉列表中选择需要的图形，在绘图页面拖动鼠标绘制图形，如图 2-32 所示。

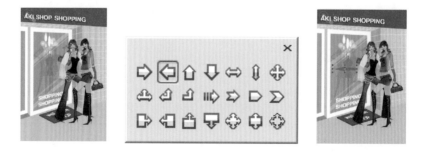

图 2-32　绘制箭头图形

#### 3．流程图形状

选择工具箱中的"流程图形状工具"<img>，在属性栏中按下"完美形状"按钮<img>，在弹出的下拉列表中选择需要的图形，在绘图页面拖动鼠标绘制图形，如图 2-33 所示。

图 2-33　绘制流程图形

#### 4．标题形状

选择工具箱中的"标题形状工具" ，在属性栏中按下"完美形状"按钮 ，在弹出的下拉列表中选择需要的图形，在绘图页面拖动鼠标绘制图形，如图 2-34 所示。

图 2-34　绘制标题图形

#### 5．标注形状

选择工具箱中的"标注形状工具" ，在属性栏中按下"完美形状"按钮 ，在弹出的下拉列表中选择需要的图形，在绘图页面拖动鼠标绘制图形，如图 2-35 所示。

图 2-35　绘制标注图形

## 2.1.5　绘制表格

表格工具可以绘制出不同行数或列数的表格，也可以将表格拆分为多个独立的线条，删除或是移动到合适的位置，方便改变表格的形状。还可以在表格中添加文字和图形。

选择工具箱中的"表格工具" ，在属性栏中设置表格的行数和列数，如图 2-36 所示。

图 2-36　表格工具属性栏

*01* 在绘图页面拖动鼠标绘制表格，如图 2-37 所示。按住 Ctrl 键绘制表格时，可以绘制出长宽相等的表格，如图 2-38 所示。

图 2-37　绘制表格

图 2-38　绘制表格

*02* 在属性栏中可以根据需要在网格边框设置中设置不同的边框，如图 2-39 所示。在属性栏颜色下拉列表中设置颜色，为表格添加的是外轮廓线的颜色，如图 2-40 所示。

图 2-39　网格边框选项

图 2-40　设置轮廓效果

*03* 为表格填充轮廓色时，还可以选择工具箱中的"轮廓笔工具"，在隐藏的工具组中选择"轮廓笔"选项，在弹出的"轮廓笔"对话框中，设置颜色为红色、"宽度"为 1.0mm，在"轮廓笔"对话框的"样式"下拉列表中，还可以设置轮廓线的样式，如图 2-41 所示。

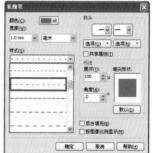

图 2-41　设置轮廓线

*04* 在属性栏中，单击"选项"按钮，在下拉列表中勾选"在键入时自动调整单元格大小"复选框，可以

使文字在输入后完全显示，再勾选"单独的单元格边框"复选框，在"水平单元格间距"和"垂直单元格间距"数值框中设置数值，默认情况下是同步进行数值修改，单击"小锁"按钮🔒，即可分别设置数值，如图 2-42 所示。

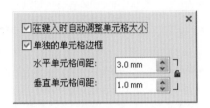 

图 2-42　设置边框效果

*05* 将光标放置到单元格中，即可在单元格中输入文字。执行"表格"|"插入"命令，即可在单元格上方或下方、左侧或右侧插入行或列。

⭐ 专家提示

绘制表格，按下 Ctrl+K 键，再执行"排列"|"取消群组"命令，即可将表格分为单独的直线，调整直线的大小和位置，如图 2-43 所示。

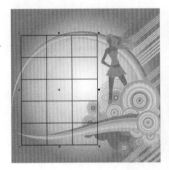 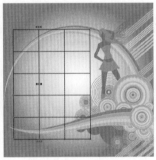 

图 2-43　拆分表格

## 2.2 绘制曲线

线条的绘制是所有造型设计的基础操作，用 CorelDRAW 绘制出的作品都是由几何对象构成的，而几何对象的构成要素都是直线和曲线。在 CorelDRAW X5 中，提供了多种绘制和编辑线条的方法。本节将详细介绍绘制线条的线形工具与调整线条节点的形状工具的操作方法。

### 2.2.1 手绘工具

手绘工具🖊️就是使用鼠标在绘图页面上直接绘制直线或曲线的一种工具，其使用方法非常简单。

选择工具箱中的手绘工具🖊️后，可看到如图 2-44 所示的属性栏。

图 2-44 手绘工具属性栏

该属性栏上的参数含义如下：

> 对象位置 $\boxed{\begin{smallmatrix}x:&139.219\,mm\\y:&102.183\,mm\end{smallmatrix}}$：绘制图形在工作界面上的位置。

> 对象大小 $\boxed{\begin{smallmatrix}\leftrightarrow&56.687\,mm\\\updownarrow&62.217\,mm\end{smallmatrix}}$：显示选取对象的大小。

> 旋转角度 $\boxed{\circlearrowright\ .0}$°：设置对象的旋转角度。

> 水平镜像 $\boxed{\text{ш}}$：将对象水平翻转 180°。

> 垂直镜像 $\boxed{\text{E}}$：将对象垂直翻转 180°。

> 交互式连线工具 $\boxed{\text{┐}}$ $\boxed{\text{┐}}$：分为成角连接器和直线连接器，用于创建两个或多个图形对象间的连接。

> 拆分工具 $\boxed{\text{┅}}$：将封闭的曲线路径对象中的某个节点断开。

> 起始箭头选择器 $\boxed{—\vee}$：所选线条的起始点，其下拉列表中包含多种箭头样式。

> 轮廓样式选择器 $\boxed{——\vee}$：可对所选线条的样式进行更改设置。

> 终止箭头选择器 $\boxed{—\vee}$：所选线条的终止点，其下拉列表中也包含多种箭头样式。

> 自动闭合曲线 $\boxed{\text{⅁}}$：可使绘制的线条自动闭合。

> 段落文本换行 $\boxed{\text{◨}}$：可在图形中输入段落文本，使图形看上去更完整。

> 轮廓宽度 $\boxed{\triangle\ .2\,mm\ \vee}$：可对所选线条的宽度进行设置。

> 手绘平滑 $\boxed{100\ +}$：可设置手绘图形的平滑度。

### 1. 绘制直线

选择工具箱中的"手绘工具" $\boxed{\text{🖉}}$，在绘图页面单击鼠标绘制起点，将光标移动到合适的位置时，单击鼠标，绘制直线，如图 2-45 所示。

图 2-45 绘制直线

### 2. 绘制折线

选择工具箱中的"手绘工具" $\boxed{\text{🖉}}$，在绘图页面单击鼠标绘制起点，将光标移动到合适的折点位置时，双击鼠标，完成折线后，在终点单击鼠标，完成绘制，如图 2-46 所示。

 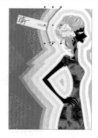 

图 2-46 绘制折线

### 3. 绘制图形

选择工具箱中的"手绘工具" ，绘制直线，在属性栏中设置起始箭头、线条样式和终止箭头，如图 2-47 所示。

图 2-47　绘制图形

**技巧点拨**

使用手绘工具绘制曲线时，按住鼠标左键不放，同时按住 Shift 键，沿着前面绘制图形所经过的路径并返回，即可擦除所绘制的曲线。

## 2.2.2　2 点直线工具

使用 2 点直线工具，可以绘制出不同的连接线的形状，组成需要的图形。

在 2 点直线工具的属性栏中可以选择 2 点直线工具、垂直 2 点直线、相切的 2 点直线，如图 2-48 所示。

图 2-48　2 点直线工具属性栏

### 1. 2 点直线工具

单击属性栏中的"2 点直线工具"按钮，在绘图页面按住并拖动鼠标，到合适时的位置时释放鼠标，绘制直线，当光标变为 时，继续单击并拖动鼠标绘制连续直线，如图 2-49 所示。

图 2-49　绘制连续直线

### 2. 垂直 2 点线

属性栏中的"垂直 2 点线"按钮，主要用于绘制与对象垂直的直线，在绘图页面将光标放置到对象上，当光标变为 时，拖动鼠标绘制与对象垂直的直线，如图 2-50 所示。

图 2-50　绘制垂直直线

**3. 相切的 2 点线**

单击属性栏中的"相切的 2 点线"按钮，可绘制与对象相切的直线，在绘图页面将光标放置到对象上，拖动鼠标绘制直线，直线将会以沿边缘的形式出现，如图 2-51 所示分别为与内圆相切、与外圆相切。

图 2-51　绘制相切直线

## 2.2.3 贝赛尔工具

贝赛尔工具可以绘制平滑、精美的曲线图形，也可以绘制出直线，以及通过调整控制点绘制不规则的图形。通过改变节点和控制点的位置，控制曲线的弯度。绘制完成之后通过调整控制点，调节直线或曲线的形状。

在使用贝塞尔工具绘制图形以前，可以对其属性进行相应的设置。在菜单栏中选择"工具"|"自定义"命令，将弹出"选项"对话框，单击该对话框的左侧列表中"工具箱"旁边的"＋"按钮，将其展开，然后选择"手绘/贝塞尔工具"选项，打开其选项卡，如图 2-52 所示，可以在该选项卡中对工具的相关参数进行设置。

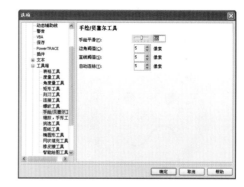

图 2-52　"手绘/贝塞尔工具"选项卡

各参数的含义如下：

↘ 手绘平滑：调整手绘曲线的平滑度默认值。
曲线的平滑度取决于数值的高低，数值越高曲线则越平滑。

↘ 边角阈值：绘制曲线时，可对转折距离的数值进行设置。转折范围在默认值范围内即设置尖角节点，超出默认值越多，尖角节点就越容易显示。

↘ 直线阈值：绘制曲线时，拖动鼠标路径被看作直线的距离范围。鼠标拖动的偏移量在默认值范围内即看作为直线，范围在默认值以外则看作为曲线。数值越低就越容易显示曲线。

◥ 自动连结：值越大，尖角节点就越容易显示。使用手绘工具或贝塞尔工具绘制曲线时，设置节点自动
连接的距离，如果在两个节点之间的距离小于自动连接的数值，CorelDRAW 便会自动连接两个节点。

### 1. 绘制直线

选择工具箱中的"贝赛尔工具" ，单击鼠标确定起点，将光标放置到合适的位置时，再单击鼠标确定终
点，绘制出一条直线，如图 2-53 所示。

图 2-53　绘制直线

### 2. 绘制曲线

选择工具箱中的"贝赛尔工具" ，单击鼠标确定起点，将光标放置到合适的位置时，再单击鼠标确定终
点并拖动鼠标，调节曲线弯曲度，调整好之后释放鼠标，完成曲线的绘制，如图 2-54 所示。

图 2-54　绘制曲线

### 3. 绘制不规则图形

拖动鼠标绘制图形，如图 2-55 所示。

图 2-55　绘制不规则图形

## 2.2.4 艺术笔工具

艺术笔工具可以绘制出各种图案、笔触的线条和图形，选择艺术笔工具之后，在属性栏中提供了 5 种模式，

分别为：预设模式、笔刷模式、喷涂模式、书法模式和压力模式，如图 2-56 所示。

图 2-56　艺术笔属性栏

### 1．预设模式

在工具箱中选择"艺术笔工具" ∿ 之后，默认的模式为预设模式。预设模式中有多种线条的样式，在属性栏预设笔触列表中选择笔触，在手绘平滑区，单击后面的按钮 ╋，弹出滑动条，调节平滑度，如图 2-57 所示。在笔触宽度中输入数值来调节宽度，如图 2-58 所示。

设置好参数之后，按住并拖动鼠标在页面绘制图形，绘制完成后释放鼠标，如图 2-59 所示。

图 2-57　预设模式　　　　图 2-58　宽度设置　　　　　　　　图 2-59　绘制图形

### 2．笔刷模式

选择工具箱中的"艺术笔工具" ∿，在属性栏中单击"笔刷"按钮 ╏，在手绘平滑中设置参数，笔触宽度中也设置参数，在笔刷笔触列表中选择需要的笔触，如图 2-60 所示。设置好之后，在绘图页面拖动鼠标绘制一条直线，释放鼠标直线切换为选择的笔触样式，如图 2-61 所示。

图 2-60　艺术笔属性栏　　　　　　　　　　　　　　图 2-61　绘制效果

### 3．喷涂模式

喷涂模式可以在绘制的曲线上喷涂一系列设定的对象，使用方法跟笔刷模式相同。

*01* 在属性栏中单击"喷涂"按钮 ▯，在手绘平滑中设置参数，笔触宽度中也设置参数，在笔刷笔触列表中选择需要的笔触，如图 2-62 所示。设置好之后，在绘图页面拖动鼠标绘制曲线，释放鼠标曲线切换为选择的笔触样式，如图 2-63 所示。

图 2-62　艺术笔属性栏

*02* 单击属性栏中的"喷涂列表选项"按钮，弹出"创建播放列表"对话框，在播放列表中选中图像1，如图 2-64 所示。单击"移除"按钮，再单击"确定"按钮，图形 1 将被其他图形替代，如图 2-65 所示。

图 2-63　绘制效果　　　　　　图 2-64　创建播放设置　　　　　　图 2-65　移除后效果

*03* 喷涂列表绘制曲线。在属性栏中单击"旋转"按钮，在下拉列表中设置旋转角度，设置好之后自动形成如图 2-66 所示的图形。

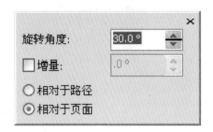

图 2-66　旋转效果

### 4. 书法模式

书法模式可以绘制出多种类似书法的笔触效果，选择工具箱中的"艺术笔工具"之后，在属性栏中单击"书法"按钮，在手绘平滑中设置参数和笔触宽度，如图 2-67 所示。

在属性栏中设置书法角度，来设置笔触和笔尖的角度。角度值为 0º 时，书法笔画出的垂直方向的线条最粗，笔尖是水平的，如图 2-68 所示。将角度设置为 90º 时，书法笔画出的水平方向画出的线条最粗，笔尖是垂直的，如图 2-69 所示。

图 2-67　艺术笔属性栏　　　　　图 2-68　角度为 0º 时　　　　　图 2-69　角度为 90º 时

### 5. 压力模式

压力模式可以改变线条的粗细，在压力笔上的压力越大，绘制的线条越粗，在压力笔上的压力越小，线条越细，施加压力时配合键盘上的向上方向键，绘制的线条会逐渐变粗，向下方向键，则会逐渐变细。属性栏中可以设置手绘平滑和笔触宽度的参数，如图 2-70 所示。

## 2.2.5 钢笔工具

钢笔工具的使用方法和贝赛尔工具相似，都是通过节点来调整曲线形状的。钢笔工具可以对绘制的曲线图形进行形状的修改。

图 2-70　艺术笔属性栏

### 1. 绘制直线

选择工具箱中的"钢笔工具" ，在绘图页面单击鼠标左键确定直线的起点，拖动鼠标到合适的位置时双击鼠标左键确定终点，如图 2-71 所示。

图 2-71　绘制直线

### 2. 绘制曲线

选择工具箱中的"钢笔工具" ，在绘图页面单击鼠标左键确定直线的起点，图动鼠标到合适的位置时单击鼠标左键确定终点，拖动鼠标绘制曲线，调整好曲线弯度后释放鼠标，如图 2-72 所示。

图 2-72　绘制曲线

### 3. 直线与曲线的转换

选择工具箱中的"钢笔工具" ，在绘图页面绘制一条曲线，将鼠标放置到终点的节点处，按住 Alt 键用鼠标左键单击节点，这时将曲线转换为直线，如图 2-73 所示。

图 2-73　直线和曲线间的转换

### 2.2.6 B-Spline 工具

选择工具箱中的"B-Spline 工具" ，按下鼠标左键拖动鼠标，绘制出的图形是曲线的轨迹，在需要变向的位置单击左键，添加一个轮廓控制点，继续拖动改变曲线轨迹，将鼠标移动到起始点并单击，可以自动闭合曲线，如图 2-74 所示。

图 2-74 绘制曲线轨迹

**专家提示**

如果绘制的不是封闭曲线，则绘制完成后双击鼠标左键，完成曲线绘制。需要调整其形状时可以使用形状工具调整外围的控制轮廓。

### 2.2.7 折线工具

折线工具可以快捷地绘制折线，选择工具箱中的"折线工具" ，在绘图页面连续单击鼠标左键，在终点双击鼠标左键结束绘制，如图 2-75 所示。

图 2-75 绘制折线

**专家提示**

运用"折线工具" ，在绘制完连续的曲线后，直接单击属性栏上的"自动闭合曲线"按钮 ，系统将用一条直线自动连接线条的首尾，得到一个封闭的图形。

### 2.2.8 3 点曲线工具

3 点曲线工具在绘制曲线时，用途比较广，它可以绘制出不同样式形状的弧线或近似圆弧的曲线。

选择工具箱中的"3 点曲线工具" ，在绘图页面按下鼠标左键不放拖动鼠标，到合适的位置时释放鼠标左键即可绘制终点，拖动鼠标到合适的位置，调整好曲线的弯曲，单击鼠标左键，完成绘制，如图 2-76 所示。

图 2-76　绘制曲线

## 2.3 颜色填充

五彩缤纷的色彩充斥着我们的生活，颜色的选择对图形设计的成败有很大的影响。为了在图形设计时灵活、巧妙地运用色彩，就必须对色彩进行研究。在 CorelDRAW X5 中有均匀填充、渐变填充、图样填充和纹理填充等多种颜色填充方式。

### 2.3.1 均匀填充

均匀填充就是为对象填充一种颜色，可以在调色板版中完成填充也可以在标准填充中完成。

在 CorelDRAW X5 中提供了十多个调色板，系统默认的是 CMYK 调色板，位于工作界面的右侧。

#### 1.　单击调色板上的色块

选中对象，单击调色板上的蓝色色块，即可为图形填充颜色，如图 2-77 所示。

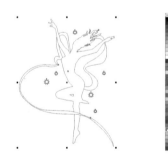

图 2-77　填充颜色

用鼠标右键单击调色板上的颜色色块，则可以对图形对象的轮廓进行填充。若用鼠标左键单击调色板上的按钮⊠，图形对象会变为透明的无填充效果；用右键单击该按钮，图形对象的外轮廓会变为透明的无填充效果。

★ 专家提示

按住鼠标左键不放，将调色板上的色块直接拖动到图形上，也可完成填充。

#### 2.　自定义填充

虽然 CorelDRAW X5 拥有十多种默认调色板，但相对于上百万的可用颜色来说，也只是其中很少的一部分。大部分情况下，都需要自行对均匀填充所使用的颜色进行设置。

选中对象，选择工具箱中的"填充工具"按钮 ，在隐藏的工具组中选择"均匀填充"选项，在弹出的"均匀填充"对话框中，设置颜色，设置完成后，单击"确定"，为图形填充颜色，如图 2-78 所示。

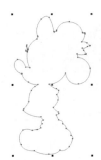

图 2-78　填充颜色

技巧点拨

单击快捷键 Shift+F11，可以快速打开"均匀填充"对话框。

在"均匀填充"对话框中有三个标签供选择。其他两个标签功能如下：

❯　单击"混合器"标签，如图 2-79 所示。其中"模型"选项用于填充颜色色彩模式的选择；"色度"选项用来显示颜色之间的关系，在下拉列表中选择不同形状，来设置需要的颜色，如图 2-80 所示。

图 2-79　混合器标签　　　　　　　　　　　　　图 2-80　色度

❯　在"变化"选项下拉列表中，选择不同的选项，可以对颜色的明度进行调整，如图 2-81 所示。

图 2-81　变化

❯　"大小"选项可以显示颜色块的多少，数值越大显示的颜色越多，数值越小显示的颜色越少，如图 2-82 所示。

图 2-82　大小选项

> 单击"调色板"标签，如图 2-83 所示。在调色板选项的下拉列表中选择需要的颜色组，如图 2-84 所示。

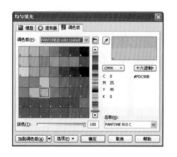

图 2-83　调色板标签　　　　　　　　　　　　　　图 2-84　颜色组

### 3. 使用颜色滴管工具进行填充

在 CorelDRAW X5 中，提供了填充取色的工具"颜色滴管工具"，这是 CorelDRAW X5 中新增的一个便捷工具，吸取任意颜色后，自动切换到颜料桶工具，在要填充的图形上单击鼠标，可以将所获取的颜色填充到对象上。此工具可以方便地将一种对象的颜色复制填充到另一个图形对象上。

### 4. 智能填充

"智能填充工具"能使填充封闭区域的操作变得异常简单。当用智能填充工具在多个对象的闭合区域上单击时，智能填充工具能自动检测到与鼠标落点最接近的路径，并以此路径来创建一个新的封闭对象，而对原对象无丝毫影响。在提取一个封闭区域之前，可在属性栏进行相关设置，智能填充属性栏如图 2-85 所示。

图 2-85　智能填充工具的属性栏

属性栏上的各参数含义如下：

> "填充选项"下拉列表框填充选项：指定：用来设定封闭区域的填充属性，有指定、使用默认值和无填充 3 个选项。当选择"指定"选项时，可在后面颜色选择器中选择一种颜色；当选择"使用默认值"选项时，将以设置的默认填充色来填充；当选择"无填充"选项时，将不对封闭区域进行填充。

> "填充颜色"选择器：用来设置封闭区域的填充色。

> "轮廓选项"下拉列表框轮廓选项：指定：用来设定封闭区域的轮廓属性，有指定、使用默认值

和无轮廓 3 个选项。

- ⬎ "轮廓线宽"下拉列表框 `.2 mm ▾`：当在轮廓属性中选择"指定"选项时，可在此下拉列表框中指定轮廓线宽。

- ⬎ "轮廓颜色"选择器 `■ ▾`：用来设置封闭区域的轮廓颜色。

## 2.3.2 渐变填充

渐变填充和曲线编辑一样，在 CorelDRAW 中占有举足轻重的作用。它可以在多种颜色之间产生柔和的颜色过渡，避免了因颜色急剧变化而给人造成生硬的感觉，特别是在一些写实性绘图和工业产品造型上，可用渐变来表现物体表面的光度、质感以及高光和阴暗区域，从而表现物体的立体效果。渐变色提供了 4 种渐变色的渐变形式，分别为：线性、辐射、圆锥和正方形。

### 1. 线性渐变

线性渐变填充的颜色饱和度在一定方向上按数学上的线性递增或递减来进行填充。

*01* 选择工具箱中的"选择工具" `▯`，选中对象。选择工具箱中的"填充工具" `◈`，在隐藏的工具组中选择"渐变填充"选项，弹出"渐变填充"对话框，如图 2-86 所示。在"渐变填充"对话框中有四大块菜单供选择，分别为：类型、选项、颜色调和预设。

*02* 在类型中选择"线性"，颜色调和选项中选中"双色"单选按钮，在颜色的下拉列表中选择颜色，如图 2-87 所示。

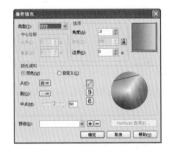

图 2-86　线性渐变填充　　　　　　　　　　图 2-87　选择渐变填充颜色

*03* 设置好颜色后，单击"确定"按钮，为图形填充颜色。鼠标右键单击调色板上的按钮 `⊠`，去掉轮廓线，如图 2-88 所示。

图 2-88　去掉轮廓线

### 2. 辐射渐变

辐射渐变是以一点为中心，从一种颜色向另一种颜色呈放射状的渐变方式。

选中对象，在"渐变填充"对话框中设置类型为"辐射"，在颜色调和中选中"自定义"单选按钮，设置颜

色，如图 2-89 所示。单击"确定"按钮，为图形填充渐变色，如图 2-90 所示。

**专家提示**

辐射渐变和线性渐变的控制参数大同小异，只是在"渐变填充"对话框中多了一个"中心位移"选项区域，可在该数值框中输入或调节坐标位置，或直接在预览框中拖动调整渐变中心位置即可。

### 3. 圆锥形渐变

圆锥渐变是以一点为中心，从一种颜色向另一种颜色旋转渐变。圆锥渐变的参数控制除了增加渐变中心控制外，还可调节渐变角度。

选中对象，在"渐变填充"对话框中设置"类型"为"圆锥"，在颜色调和中选中"自定义"单选按钮，设置颜色如图 2- 91 所示。单击"确定"按钮，为图形填充渐变色，如图 2-92 所示。

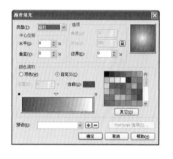　　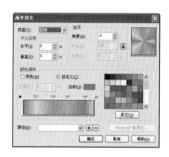

图 2-89　辐射渐变填充　　　　图 2-90　填充渐变色　　　　图 2- 91　圆锥渐变填充

### 4. 正方形渐变

正方形渐变是以一点为中心，从一种颜色呈正方形向另一种颜色渐变。正方形渐变的参数控制和圆锥渐变类似。

选中对象，在"渐变填充"对话框中设置类型为"正方形"，在颜色调和中选中"自定义"单选按钮，设置颜色，如图 2-93 所示。单击"确定"按钮，为图形填充渐变色，如图 2-94 所示。

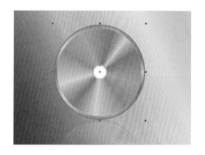　　

图 2-92　填充渐变色　　　　图 2-93　正方形渐变填充　　　　图 2-94　填充渐变色

## 2.3.3 图样填充

图样填充可以为对象填充不同图样，产生不同的图案效果。图样填充包含了双色填充、全色填充和位图填充三种类型的填充。

### 1. 双色填充

双色填充实际上就是为简单的图案设置不同的前景色和背景色来进行的填充模式。

*01* 绘制图形，将图形选中，选择工具箱中的"填充工具" ，在隐藏的工具组中选择"图样填充"选项，在弹出的"图样填充"对话框中选择"双色"填充类型，如图 2-95 所示。"前部"和"后部"颜色选项，可以将选择的图样色进行颜色对换。在图样框中的下拉列表选择图样，如图 2-96 所示。

*02* 设置好之后，单击"确定"按钮，为对象填充图样，如图 2-97 所示。

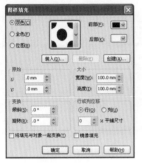

图 2-95 图样填充

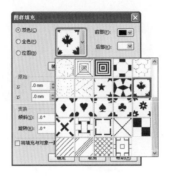

图 2-96 图样填充

图 2-97 填充图样

*03* 其他图样填充效果，如图 2-98 所示。

### 2. 全色填充

全色填充可为对象填充全彩图案，单击图案预览下的三角按钮打开下拉列表，从中可选择填充图案。

绘制图形，将图形选中，选择工具箱中的"填充工具" 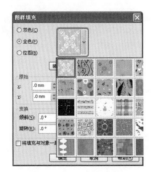，在隐藏的工具组中选择"图样填充"选项，在弹出的"图样填充"对话框中选择"全色"填充类型，在图样选项的下拉列表中选择图样，如图 2-99 所示。单击"确定"按钮，为对象填充图样，如图 2-100 所示。

图 2-98 填充图样

图 2-99 全色填充

图 2-100 填充图样

### 3. 位图填充

位图填充可为对象填充位图图像，单击图案预览下的三角按钮打开下拉列表，从中可选择填充图案。

绘制图形，将图形选中，选择工具箱中的"填充工具" ，在隐藏的工具组中选择"图样填充"选项，在弹出的"图样填充"对话框中选择"位图"填充类型，在图样选项的下拉列表中选择图样，如图 2-101 所示。单击"确定"按钮，为对象填充图样，如图 2-102 所示。

## 2.3.4 底纹填充

底纹填充是随机生成的填充，底纹填充只能运用 RGB 颜色，但可以用其他的颜色模式来做参考。

选择工具箱中的"填充工具" 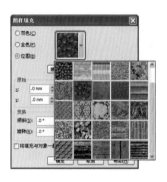，在隐藏的工具组中选择"底纹填充"选项，弹出的"底纹填充"对话框，如图 2-103 所示。在底纹列表中选择底纹图案，选择完成后，单击"确定"按钮，为对象填充底纹效果，如图 2-104 所示。

图 2-101　位图填充

图 2-102　填充图样

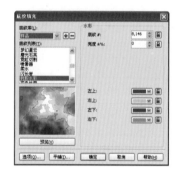

图 2-103　底纹填充

在"底纹填充"对话框中，单击"选项"按钮，弹出"底纹选项"对话框，在"底纹选项"对话框中可以设置位图分辨率和底纹尺寸限度，如图 2-105 所示。

单击"底纹填充"对话框中的 ➕ 按钮，弹出"保存底纹为"对话框，在"保存底纹为"对话框中设置"底纹名称"和保存的位置"库名称"，即可保存自定义的底纹，如图 2-106 所示。

图 2-104　填充图样

图 2-105　底纹选项

图 2-106　保存底纹为

## 2.3.5 PostScript 填充

PostScript 填充是用 PostScript 语言设计的一种特殊纹理填充效果。其填充的纹理更加复杂。

选择工具箱中的"填充工具" ，在隐藏的工具组中选择"PostScript 填充"选项，弹出"PostScript 底纹"对话框，如图 2-107 所示。在"PostScript 底纹"对话框中勾选"预览填充"复选框，将会显示底纹图案，如图 2-108 所示。

在"PostScript 底纹"对话框中选择纹理，如图 2-109 所示。单击"确定"按钮，为对象填充纹理效果，如图 2-110 所示。

  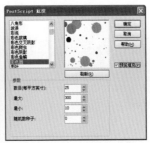 

图 2-107　PostScript 填充　　　图 2-108　选择图样　　　图 2-109　选择纹理　　　图 2-110　填充图样

## 2.3.6　交互式填充和交互式网格填充

交互式填充工具是一个非常方便的工具，所谓"交互"是指在编辑一个对象时，可以动态地调整和看到编辑效果。本章前面介绍的几个填充工具，一旦填充了对象，即使要作微小的调整，也必须打开对话框重新调整参数，而交互式填充工具正好解决了这些问题，使用起来极为方便。

交互式网状填充工具可用来表现各种复杂形状的立体感，是自由度很高的一种填充方式，它可将对象划分为许多网格，在网格线的交点和网格内都可填充颜色，并可通过调整网线来控制填充区域的形状。除了用交互式网状填充来局部处理对象外，它还有一个重要的应用，就是用来处理虚化背景。

### 1．交互式填充

交互式填充工具可以直接在对象上方便灵活的进行填充，在属性栏中可以选择填充类型，包括：均匀填充、线性、辐射、圆锥、正方形、双色图样、全色图样、位图图样、底纹填充和 PostScript 填充。

*01* 执行"文件"|"打开"命令，打开一张 cdr 格式的图片，如图 2-111 所示。选择工具箱中的"交互式填充工具" ![icon]，选中螃蟹的一只钳子，在属性栏中选择"辐射"选项，选中节点，在颜色中分别设置颜色，如图 2-112 所示。

*02* 选择螃蟹的另一只钳子，选择工具箱中的"交互式填充工具" ![icon]，在属性栏中选择"圆锥"选项，同样的选中节点，填充颜色，如图 2-113 所示。

图 2-111　打开素材　　　　　　图 2-112　填充效果　　　　　　图 2-113　填充效果

### 2．交互式网格填充

网格填充工具可以为对象填充复杂的渐变颜色，成网格状分布，在网点上分别填充不同颜色，或自定义网格扭曲形状，产生多变的特殊渐变效果。

*01* 绘制图形，选择工具箱中的"交互式填充工具" ![icon]，在隐藏的工具组中选择"网状填充工具" ![icon]，在属性栏中设置行和列数，如图 2-114 所示。

*02* 在调色板中选择颜色，直接拖至网点上，即可填充颜色，如图 2-115 所示。

图 2-114　网状填充

图 2-115　填充颜色

*03* 同样的操作方法，将不同的颜色拖动到网点上，得到如图 2-116 所示的图像。

*04* 选中网点进行调整网格形状来改变渐变色的形状，如图 2-117 所示。

*05* 选择工具箱中的"选择工具" ，选择图像，最终效果如图 2-118 所示。

图 2-116　填充颜色

图 2-117　调整网格

图 2-118　最终效果

## 2.3.7　滴管工具

滴管工具包括：颜色滴管工具和属性滴管工具，在属性栏中可以更改颜色滴管和属性滴管的属性。

### 1.　颜色滴管工具

选择工具箱中的"颜色滴管工具" ，在绘图页面吸取需要的颜色，之后自动切换到颜料桶工具，为对象填充颜色，填充的颜色只是单色，如图 2-119 所示。

图 2-119　填充颜色

### 2.　属性滴管工具

选择工具箱中的"属性滴管工具" ，在绘图页面吸取需要的对象属性，之后自动切换到颜料桶工具，为对象填充与吸取对象相同的属性，如图 2-120 所示。

图 2-120　填充颜色

## 2.4 实例演练

本实例绘制人鱼的图形，在 CorelDRAW X5 中，主要运用了绘图工具和填充工具来完成，如图 2-121 所示。

*01* 选择工具箱中的"钢笔工具" ，在绘图页面连续单击鼠标，绘制图形，如图 2-122 所示。

*02* 选择工具箱中的"填充工具" ，在隐藏的工具组中选择"渐变填充"选项，弹出"渐变填充"对话框，在颜色调和选项中，选择"自定义"，设置颜色，起点处颜色设置为深蓝色（C90、M70、Y0、K0），13% 位置的颜色为蓝色（C90、M70、Y0、K0），21% 位置的颜色为蓝色（C75、M25、Y0、K0），28% 位置的颜色（C40、M6、Y8、K0），47% 位置的颜色为（C75、M25、Y0、K0），59% 位置的颜色为（C40、M6、Y0、K0），69% 位置的颜色为（C30、M5、Y0、K0），终点颜色为白色，在类型选项中，选择"辐射"，中心位移选项，水平设置为 1，垂直设置为 -4，如图 2-123 所示。

图 2-121　人鱼图形　　　　　　图 2-122　绘制图形　　　　　　图 2-123　渐变填充

*03* 单击"确定"按钮，为绘制图形填充渐变色，如图 2-124 所示。

*04* 鼠标右键单击调色板上的 按钮，去掉轮廓线，如图 2-125 所示。

*05* 选择工具箱中的"贝赛尔工具" ，绘制图形，如图 2-126 所示。

图 2-124　填充渐变色　　　　　图 2-125　去掉轮廓线　　　　　图 2-126　绘制图形

*06* 选择工具箱中的"填充工具" ，在隐藏的工具组中选择"渐变填充"选项，弹出"渐变填充"对话框，同样的操作方法设置渐变色，设置好之后，在类型中选择"辐射"选项，如图 2-127 所示。

*07* 单击"确定"按钮，为图形填充渐变色，并去掉轮廓线，如图 2-128 所示。

*08* 选择工具箱中的"交互式透明工具" ，在绘图页面拖动鼠标，绘制透明效果，如图 2-129 所示。

图 2-127　渐变填充

图 2-128　填充渐变色

图 2-129　添加透明效果

*09* 选择工具箱中的"3 点曲线工具" ，在绘图页面沿图形轮廓拖动鼠标绘制图形，用同样的方法填充渐变色，如图 2-130 所示。

*10* 去掉轮廓线，再运用同样的操作方法绘制图形，并填充渐变色，如图 2-131 所示。

图 2-130　绘制图形

图 2-131　绘制图形

*11* 运用同样的方法绘制图形，如图 2-132 所示。

*12* 运用同样的操作方法，绘制其他的图形，并填充渐变色，效果如图 2-133 所示。

图 2-132　绘制图形

图 2-133　绘制图形

# 第 3 章

# 图形编辑

**本章重点**

◆ 设置对象　　◆ 装饰对象

◆ 编辑轮廓线　◆ 图框精确剪裁对象

◆ 透视效果　　◆ 透镜效果

◆ 实例演练

在 CorelDRAW X5 中，提供了多种编辑对象的工具和相关技巧。本章主要介绍了对象设置、装饰对象、轮廓线设置和图框精确剪裁的功能及相关技巧。通过学习本章的内容，可以自如地应用对象，轻松地完成设计任务。

## 3.1 设置对象

在 CorelDRAW X5 中，所有的编辑处理都需要在选择对象的基础上进行，所以准确地选择对象，是进行图形操作和管理的第一步。通常都需要对绘制的对象进行一些复制、对齐分布和调整等方面的管理，以得到理想的绘图效果。

### 3.1.1 选择和复制对象

对图形对象的选择是编辑图形时的最基本的操作，对象的选择可以分为选择某一个对象、选择多个对象。

**1. 选择某一个对象**

选择工具箱中的"选择工具" ，单击需要选择的图形，对象周围出现控制点时，表明此对象已被选中，如图 3-1 所示，未选中的对象和选中后的对象。

图 3-1　选择对象

**2. 选择多个对象**

选择工具箱中的"选择工具" ，按住 Shift 键，用鼠标左键单击要选择的多个对象，如图 3-2 所示，选择单个对象和选择多个对象。

图 3-2　选择多个对象

选择工具箱中的"选择工具" ，在页面拖动鼠标，拖拽出一个选择框将对象框住，在选择框内的对象被选中，框外的与选择框相交的对象不会被选中，如图 3-3 所示。在拖拽选择框时按住 Alt 键，这时在框内的对象被选中，与选择框相交的对象也会被选中，框外的不被选中，如图 3-4 所示。

图 3-3　框选对象

图 3-4　按 Alt 键框选对象

### 3. 复制对象

选中对象，复制对象的方法有多种。

执行"编辑"|"复制"命令，再执行"编辑"|"粘贴"命令，可以完成复制。

**专家提示**

复制后，粘贴进来的对象和源对象处在工作区中同一位置，但如果是在其他应用程序中复制对象，粘贴进来的对象将处在页面的中心。

按下 Ctrl+C 快捷键，复制对象，再按下 Ctrl+V 快捷键，粘贴对象，完成复制操作。

选择工具箱中的"选择工具" 🔳，选中对象，按住鼠标左键拖动鼠标到合适的位置时单击鼠标右键，对象将被复制。

单击标准工具栏中的"复制"按钮 🔳，再按下"粘贴"按钮 🔳，完成复制，如图 3-5 所示。

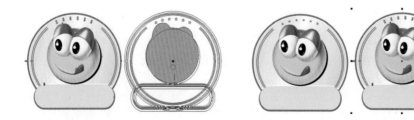

图 3-5　复制对象

 **技巧点拨**

重复执行某一命令时，快捷键为 Ctrl+R。

### 4. 再制对象

"再制对象"就是将复制的对象按一定的方式复制出多个对象。

*01* 选择工具箱中的"选择工具" 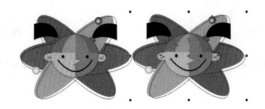，选中对象，按住鼠标左键拖动鼠标到合适的位置时单击鼠标右键，复制对象，如图 3-6 所示。

图 3-6 复制对象

*02* 复制好对象之后，执行"编辑"|"再制"命令，或者按下 Ctrl+D 快捷键，再制对象，如图 3-7 所示。

图 3-7 再制对象

*03* 多次按下 Ctrl+D 快捷键，复制多个，如图 3-8 所示。

图 3-8 再制对象

### 5. 克隆对象

克隆对象，复制出来的对象与源对象保持着链接，就和父子关系一样，改变源对象时，克隆的对象随之改变。改变克隆对象时，源对象不变。

执行"编辑"|"克隆"命令，对象将被复制，移动对象到合适的位置，克隆的对象与再制的对象不同，如图 3-9 所示。

图 3-9 克隆对象

#### 6. 仿制对象

"编辑"菜单中的"仿制"命令也可按设定的偏移量来复制对象，但它和"克隆"命令类似。"仿制"命令是复制一个和源对象保持链接的副本，也就是说，当源对象的属性和形状发生变化时，副本也将随之改变。

#### 7. 多重复制对象

执行菜单中的"编辑" | "步长和重复"命令能一次性地复制多个副本，并可分别设置副本在水平和垂直方向上的偏移量，因此它可以用来模拟阵列复制对象的效果。选择对象后，执行该命令将打开"步长和重复"泊坞窗，如图 3-10 所示。

⭐ 专家提示

　　"步长和重复"命令可以比较灵活地控制对象在水平和垂直方向上的偏移情况。除了在某一方向连续复制出一系列对象外，"步长和重复"命令还可以快速复制出矩形阵列对象。

#### 8. 移动对象

图 3-10 　"步长和重复"泊坞窗

在 CorelDRAW X5 中移动对象时，必须使被移动的对象处于选取状态。

选择工具箱中的"选择工具" 🔍，单击选择的对象，按住鼠标左键不放，拖动对象到合适的位置时，释放鼠标左键，完成移动，如图 3-11 所示。

#### 9. 旋转对象

选择工具箱中的"选择工具" 🔍，选中对象，单击选择对象中心点上的 ✖ 按钮，将对象处于旋转状态，移动光标到顶端，当光标变为 ↻ 形状时，拖动鼠标旋转对象，到合适位置释放鼠标左键，完成旋转，如图 3-12 所示。

图 3-11 　移动对象

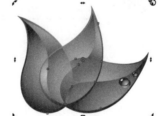

图 3-12 　旋转对象

#### 10. 镜像复制

镜像效果经常被应用到设计作品中，在 CorelDRAW 中可以使用多种方法使对象沿水平、垂直或对角线的方向翻转镜像。

选择工具箱中的"选择工具" 🔍，选中对象进行复制，再单击属性栏中的"垂直镜像"按钮 🖿，垂直镜像复制图形，如图 3-13 所示。

#### 11. 缩放对象

在设计工作中经常需要对图形对象进行缩放，在 CorelDRAW 中通过使用挑选工具直接拖动对象周围的控制点来方便地缩放对象。

选择工具箱中的"选择工具"![icon]，选中对象，移动鼠标到顶端，当光标变为![icon]时，拖动鼠标缩放图形，如图 3-14 所示。

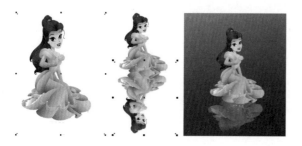

图 3-13　镜像复制　　　　　　　　　　　　　　　　图 3-14　缩放对象

## 3.1.2 对齐和分布对象

在绘图过程中，很多时候需要对齐对象，除了利用辅助工具来进行对齐的操作外，CorelDRAW 还提供了"对齐和分布"功能，将对象按照一定的方式准确地进行对齐和分布。

### 1. 对齐对象

选择需要的对象，执行"排列"|"对齐和分布"|"对齐与分布"命令，弹出"对齐与分布"对话框，在垂直一栏勾选上，单击"应用"按钮，如图 3-15 所示。

图 3-15　对齐对象

### 2. 分布对象

选择工具箱中的"选择工具"![icon]，选择需要的对象，执行"排列"|"对齐和分布"|"对齐与分布"命令，在弹出的"对齐与分布"对话框中，单击"分布"，切换到"分布"标签，如图 3-16 所示。

在"对齐与分布"对话框中，在垂直一栏中勾选中，在横行也勾选中，再在分布到命令栏中勾选"页面的范围"，单击"应用"按钮，如图 3-17 所示。

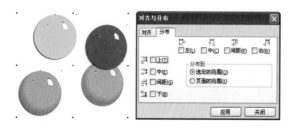

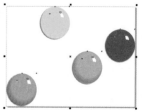

图 3-16　分布对象　　　　　　　　　　　　　　　　图 3-17　分布对象

## 3.1.3 重新整形对象

"排列" | "造型" 子菜单中提供了一些改变对象形状的功能命令, 在属性栏中还提供了与造型命令相对应的功能按钮, 以便快捷地使用这些命令。

### 1. 合并对象

合并对象就是将多个图形合并为一个图形, 相当于多个图形相加得到新图形。还能合并单独的线条, 但不能合并段落文本和位图图像。新对象会沿用目标对象的属性, 所有对象间的重叠线都会消失。

选择工具箱中的"选择工具" ，选择需要的对象, 单击属性栏中的"合并"按钮 ，如图 3-18 所示。

### 2. 修剪对象

修剪功能可以从目标对象上剪掉与其他对象之间重叠的部分, 目标对象仍保留原来的填充和轮廓属性。可以将上面的图层对象剪掉下面的图层对象, 也可将下面的图层对象剪掉上面的图层对象。

选择工具箱中的"选择工具" ，选择需要的对象, 单击属性栏中的"修剪"按钮 ，如图 3-19 所示。

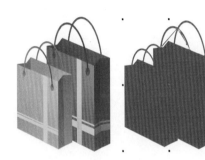
图 3-18 合并对象

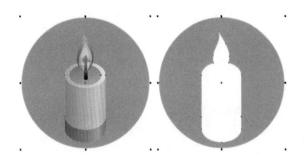
图 3-19 修剪对象

### 3. 相交对象

相交对象就是从两个或是多个相交对象重叠的区域创建新对象。

选择工具箱中的"选择工具" ，选择需要的对象, 如图 3-20 所示。单击属性栏中的"相交"按钮 ，如图 3-21 所示。将相交后的图形移动到合适的位置, 效果如图 3-22 所示。

图 3-20 选择对象

图 3-21 对象相交

图 3-22 相交图形

### 4. 简化对象

简化对象就是修剪对象中重叠的部分。交叉部分被删除, 得到的新图形为除去重叠部分之后的图形。

选择工具箱中的"选择工具" ，选择需要的对象, 单击属性栏中的"简化"按钮 ，如图 3-23 所示。

图 3-23　简化对象

#### 5．移除前面和后面对象

移除功能可以将前面或是后面的对象删掉，在另一个对象上只留剪影。

选择工具箱中的"选择工具" ，选择需要的对象，如图 3-24 所示。单击属性栏中的"移除后面对象"按钮 ，如图 3-25 所示。

选择工具箱中的"选择工具" ，选择需要的对象，如图 3-26 所示。单击属性栏中的"移除前面对象"按钮 ，如图 3-27 所示。

 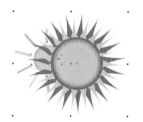 

图 3-24　移除后面对象　　　　图 3-25　移除后面对象　　　　图 3-26　移除前面对象　　　　图 3-27　移除前面对象

#### 6．创建边界

创建边界可以绘制一个与选中对象边界一样的图形。

选择工具箱中的"选择工具" ，选择需要的对象，如图 3-28 所示。单击属性栏中的"创建边界"按钮 ，如图 3-29 所示。拖动鼠标移动图形到合适的位置，如图 3-30 所示。

  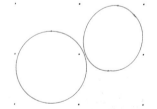

图 3-28　选择对象　　　　　　　图 3-29　创建边界　　　　　　　图 3-30　最后效果

## 3.2 装饰对象

在编辑图形时，除了使用形状工具和刻刀工具外，还可以使用粗糙笔刷、涂抹笔刷、自由变换和虚拟段删除工具对图形进行编辑。

## 3.2.1 粗糙笔刷工具

粗糙笔刷工具能够使线条产生波折变化，是专门用来处理曲线的工具，对于其他非曲线图形，可以将图形转化为曲线。

选择工具箱中的"粗糙笔刷工具" ，在属性栏中设置笔尖大小、笔压、水分浓度和笔斜移数值，如图 3-31 所示。

图 3-31　粗糙笔刷工具属性栏

该属性栏上各参数的含义如下：

- ↘ "笔尖大小"数值框 [2.1 mm]：用来设置笔刷大小，数值越大，处理出的粗糙度也就越大。
- ↘ "使用笔压控制尖突频率"按钮和"尖突频率"数值框 [2]：与涂抹笔刷工具类似，该项前面的按钮仅对压力笔可用，单击它可以通过施加在笔上的压力来控制尖突频率，压力越大，尖突频率越高；后面的数值框用来设置尖突频率，该值越大，粗糙频率也越高。
- ↘ "添加水分浓度"数值框 [0]：用来增加水分浓度，以逐渐淡化粗糙效果，使其变得逐渐模糊，并使线条逐渐向外扩散，最后趋于平稳。
- ↘ "笔斜移"数值框 [45.0°]：用来设置笔刷的旋转角度，当设为 0° 时，尖突幅度最大，设为 90° 时，尖突幅度为 0。
- ↘ "尖突方向"下拉列表框和"固定角度"数值框 [自动][.0°]：该项前面的下拉列表中有"自动"、"固定方向"和"笔设置" 3 个选项。当设置为"自动"时，尖突方向始终垂直于曲线方向；当设置为"固定方向"时，可在后面的数值框中输入固定角度值，此时尖突方向始终不变；当设置为"笔设置"时，可通过旋转压力笔来控制尖突方向。

*01* 执行"文件"|"导入"命令，导入一张素材，如图 3-32 所示。选择工具箱中的"粗糙笔刷工具" ，按下鼠标左键不放，沿对象边缘进行拖动，即可将对象产生粗糙的边缘，如图 3-33 所示。

*02* 得到想要的效果之后，释放鼠标，如图 3-34 所示。

图 3-32　导入素材　　　　　　图 3-33　绘制粗糙效果　　　　　　图 3-34　粗糙效果

## 3.2.2 涂抹笔刷工具

涂抹笔刷工具可以创建更为复杂的曲线图形，选择涂抹工具之后，在对象上进行涂抹或擦除时，若是非曲线图形，则会弹出"转化为曲线"对话框，单击"确定"，转化为曲线之后进行涂抹。

选择工具箱中的"粗糙笔刷工具" ，在属性栏中设置笔尖大小、笔压、水分浓度和笔斜移数值，如图 3-35 所示。

图 3-35　涂抹笔刷工具属性栏

该属性栏上各参数的含义如下：

- 笔尖大小数值框 1.0 mm：用来设置涂抹线条的宽度。
- "使用笔压设置"按钮 ：该按钮仅对压力笔可用，通过施加在笔上的压力来控制涂抹线条的粗细。
- "在效果中添加水分浓度"数值框 0：用来使涂抹出的线条宽度逐渐减小。在笔尖大小相同的情况下，该值越大，宽度减小得越快。
- "笔斜移"数值框 45.0°：用来设置笔尖的圆度，设置范围为 15°~90°，当取下限 15° 时，笔尖几乎为一条垂直直线段，取上限 90° 时，笔尖为一个圆形，设置为中间值时，笔尖为不同程度的椭圆。
- "笔方位"数值框 .0°：用来设置笔尖的旋转角度，设置范围为 0°~359°。

执行"文件"|"导入"命令，导入一张素材，如图 3-36 所示。选择工具箱中的"涂抹笔刷工具" ，按住鼠标左键在图形外向内拖动鼠标即将图形区域涂抹除去，擦除掉，如图 3-37 所示。按住鼠标左键在图形内向外拖动鼠标即将图形的颜色涂抹到外部，如图 3-38 所示。

图 3-36　导入素材

图 3-37　涂抹擦除

图 3-38　涂抹到外部

## 3.2.3 自由变换工具

自由变换工具是将对象自由旋转、自由角度镜像和自由调节的一种变换工具。变换对象可以是简单的图形或是复杂的图形，文本对象也可以进行操作。

选择工具箱中的"自由变换工具" ，在属性栏中可以选择自由旋转、自由角度反射、自由缩放和自由倾斜四种选项，如图 3-39 所示。

图 3-39　自由变换工具属性栏

### 1．自由旋转

选择工具箱中的"选择工具" ，选中对象，选择工具箱中的"形状工具" ，在隐藏的工具组中选择"自由变换工具"🔧，在属性栏中单击"自由旋转"按钮🔄，在选中的对象上按住鼠标左键并拖动鼠标，调整到合适的位置时，释放鼠标左键，对象将会被旋转，如图 3-40 所示。

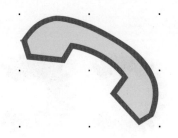

图 3-40　自由旋转

### 2.　自由角度反射

选择工具箱中的"选择工具"🔘，单击选中对象，选择工具箱中的"形状工具"🔧，在隐藏的工具组中选择"自由变换工具"🔧，在属性栏中单击"自由角度反射"按钮🔄，将光标移动到绘图页面的任意位置，按下鼠标左键拖动鼠标，选择的对象以拖拽鼠标方向线为镜像轴，对图形进行镜像，如图 3-41 所示。

图 3-41　自由角度反射

### 3.　自由缩放

选择工具箱中的"选择工具"🔘，单击选中对象，选择工具箱中的"形状工具"🔧，在隐藏的工具组中选择"自由变换工具"🔧，在属性栏中单击"自由缩放"按钮🔳，在对象上按住鼠标左键，并拖动鼠标，调整对象到合适的大小时，释放鼠标左键，如图 3-42 所示。

图 3-42　自由缩放

在属性栏中还可以对对象进行缩放并同时进行再制，在属性栏中单击"自由缩放"按钮🔳，再按下"应用到再制"按钮🔳，在对象上按住鼠标左键，并拖动鼠标，调整对象到合适的大小时，释放鼠标左键，如图 3-43 所示。

### 4．自由倾斜

自由倾斜工具可以将对象扭曲，此工具与自由缩放工具的使用方法类似，选择工具箱中的"自由变换工具" <img>，在属性栏中单击"自由倾斜"按钮 <img>，再按下"应用到再制"按钮 <img>，如图 3-44 所示。

图 3-43　缩放再制　　　　　　　　　　　　　　图 3-44　自由倾斜再制

---

## 3.2.4 虚拟段删除工具

虚拟段删除工具可以删除线段之间相交的或是多余的没有用的线段。

*01* 执行"文件"|"导入"命令，导入一张素材，如图 3-45 所示。

*02* 选择工具箱中的"虚拟段删除工具" <img>，将鼠标放置到文字上，光标变为垂直小刀时单击即可删除线条，如图 3-46 所示。

*03* 在绘图页面拖动鼠标绘制矩形框，将要删除的对象框住，如图 3-47 所示。

*04* 释放鼠标，得到如图 3-48 所示图形。

图 3-45　导入素材　　　　图 3-46　删除线条　　　　图 3-47　绘制矩形框　　　　图 3-48　最终效果

---

## 3.3 编辑轮廓线

在 CorelDRAW 中，图形对象是由填充属性与轮廓属性构成的。但是，开放对象只具有轮廓属性，不具有填充属性；而闭合对象则同时具有填充属性和轮廓属性。所谓对象的轮廓，就是对象的边缘线，它决定了对象的形状，并具有粗细与颜色等特征。图形对象的轮廓线可以看作是由一个可调整形状、颜色、大小及笔尖角度的轮廓笔绘制出来的。

## 3.3.1 设置轮廓线宽度

改变轮廓线的宽度有三种操作方法：

选中对象，在属性栏轮廓宽度选项下拉列表中，选择宽度，也可以直接输入轮廓宽度值，如图 3-49 所示。

选择工具箱中的"轮廓笔工具" ，在隐藏的工具组中选择需要的轮廓宽度，如图 3-50 所示。

在状态栏中双击"轮廓笔工具" ，弹出"轮廓笔"对话框，在弹出的对话框中设置宽度，如图 3-51 所示。

图 3-49 属性栏宽度列表　　　　图 3-50 轮廓笔宽度　　　　图 3-51 "轮廓笔"对话框

## 3.3.2 设置轮廓线样式

选择工具箱中的"轮廓笔工具" ，在隐藏的工具组中选择"轮廓笔"选项，弹出"轮廓笔"对话框，在"样式"下拉列表中选择轮廓线样式，选择虚线，单击"确定"按钮，如图 3-52 所示。

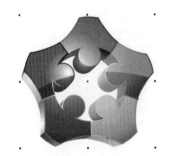

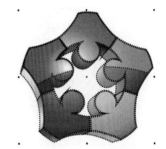

图 3-52 轮廓样式

在"样式"下拉列表中默认的为直线，可以选择虚线，还可以自定义样式。在"轮廓笔"对话框中，单击"编辑样式"按钮，在打开的"编辑线条样式"对话框中自定义样式，如图 3-53 所示。在"轮廓笔"对话框"角"选项中，可以将线条的拐角设置为尖角、圆角和斜角三种样式，如图 3-54 所示。

图 3-53 编辑线条样式　　　　图 3-54 角选项

在"箭头"选项中，第一个下拉列表是起始线条样式，第二个下拉列表是终点线条样式，在"轮廓线"对话框中设置参数，如图 3-55 所示。

后台填充：将轮廓线的显示限制到对象后面。

按图像比例显示：设置的轮廓线在对象放大缩小时进行相应的放大缩小。

图 3-55　箭头设置

### 3.3.3　设置轮廓线颜色

在 CorelDRAW X5 中，设置轮廓线的方法很多，本节介绍常用的方法。

**1.　调色板**

选择工具箱中的"选择工具" 🔳，选中对象，鼠标右键单击调色板上的颜色块，为对象填充轮廓色，如图 3-56 所示。

图 3-56　设置轮廓色

**2.　轮廓笔对话框**

选择工具箱中的"选择工具" 🔳，选中对象，再选择工具箱中的"轮廓笔工具" 🔳，在隐藏的工具组中选择"轮廓笔"选项，弹出"轮廓笔"对话框，在颜色下拉列表中选择颜色，如图 3-57 所示。

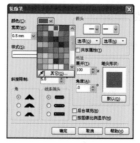

图 3-57　设置轮廓色

**3.　"颜色"泊坞窗**

执行"窗口"|"泊坞窗"|"彩色"命令，在绘图页面的右方弹出颜色泊坞窗，在泊坞窗中单击"显示颜色

滑块"按钮⇄，拖动滑块，设置颜色，单击"轮廓"按钮，如图3-58所示。

图 3-58　设置轮廓色

#### 4."轮廓色"对话框

选择工具箱中的"选择工具"⬚，将对象选中，再选择工具箱中的"轮廓笔工具"⬚，在隐藏的工具组中选择"轮廓色"选项，弹出"轮廓颜色"对话框，设置颜色，单击"确定"按钮，如图3-59所示。

图 3-59　设置轮廓色

轮廓线转换

对象的轮廓线可以改变宽度、样式和颜色，若是需要为轮廓填充渐变色、图样或是纹理效果，则首先进行相关设置。

执行"排列"|"将轮廓线转换为对象"命令，此时可以将对象的轮廓线转化为对象，对其进行编辑。选择工具箱中的"填充工具"⬚，在隐藏的工具组中选择"图样填充"选项，在弹出的"图样填充"对话框中选择图案，单击"确定"按钮，为轮廓线填充图案，如图3-60所示。

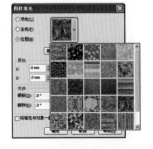

图 3-60　轮廓线转换

### 3.3.5 清除轮廓线

为对象去掉轮廓线时，直接用鼠标右键单击调色板上的⊠按钮，即可为对象去掉轮廓线。或在"轮廓笔"对话框的宽度中设置为"无"，如图 3-61 所示。

## 3.4 图框精确剪裁对象

图框精确剪裁命令，可以将一个对象放置到另一个对象内部来显示。在 CorelDRAW 中进行图像编辑、版式编排等实际操作时，"图框精确剪裁"命令是经常用到的一项很重要的功能。

### 3.4.1 放置在容器中

1. 方法一

*01* 选择工具箱中的"基本形状工具"，在属性栏完美形状下拉列表中选择环形，在绘图页面拖动鼠标绘制图形，如图 3-62 所示。

*02* 执行"文件"|"导入"命令，导入一张素材，如图 3-63 所示。

图 3-61　清除轮廓线　　　　　　　　图 3-62　绘制图形　　　　　　图 3-63　导入素材

*03* 鼠标右键拖动素材到环形上，如图 3-64 所示。

*04* 到合适的位置释放鼠标右键，弹出快捷菜单栏，选择"图框精确剪裁内部"选项，如图 3-65 所示。

*05* 最终效果如图 3-66 所示。

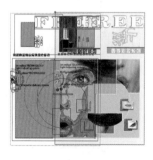 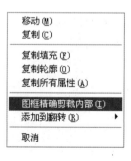 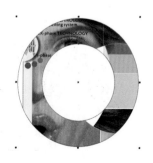

图 3-64　拖动素材　　　　　　　　　图 3-65　快捷菜单　　　　　　图 3-66　最终效果

**2．方法二**

*01* 选择工具箱中的"基本形状工具" ![icon]，在属性栏下拉列表中选择环形，在绘图页面拖动鼠标绘制图形，如图 3-67 所示。

*02* 执行"文件" | "导入"命令，导入一张素材，如图 3-68 所示。

*03* 拖动素材放置到合适的位置，执行"效果" | "图框精确剪裁" | "放置在容器中"命令，当光标变为 ➡ 时，如图 3-69 所示。单击绘制的环形，将素材放到绘制的环形内，如图 3-70 所示。

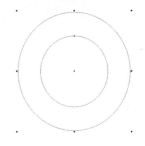   

图 3-67　绘制图形　　　　图 3-68　导入素材　　　　图 3-69　放置在容器中　　　　图 3-70　最终效果

## 3.4.2　编辑内容

将对象精确剪裁放到容器中之后，一般素材的位置不是我们想要的最佳位置，这时需要调整它的位置大小。

*01* 选择工具箱中的"选择工具" ![icon]，将对象选中，如图 3-71 所示。执行"效果" | "图框精确剪裁" | "放置在容器中"命令，当光标变为 ➡ 时，单击文字，如图 3-72 所示。

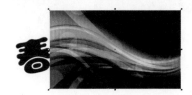 

图 3-71　选择对象　　　　　　　　　　　　图 3-72　放置在容器中

*02* 选中文字，单击鼠标右键，选择"编辑内容"选项，此时视图显示如图 3-73 所示。

*03* 选中素材，调整位置和大小，如图 3-74 所示。

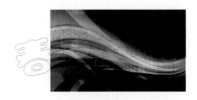 

图 3-73　编辑内容　　　　　　　　　　　　图 3-74　调整素材

## 3.4.3　结束编辑

完成编辑对象之后，执行"效果" | "图框精确剪裁" | "结束编辑"命令，或是鼠标右键单击素材，在弹出的快捷菜单栏中选择"结束编辑"选项，如图 3-75 所示。

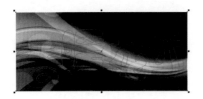

图 3-75　结束编辑

### 3.4.4　提取内容

提取内容命令，是将放置到容器中的素材提取出来，执行"效果"|"图框精确剪裁"|"提取内容"命令，或直接在对象上单击鼠标右键，选择"提取内容"选项，如图 3-76 所示。

### 3.4.5　锁定图框精确剪裁的内容

锁定图框精确剪裁内容后，对容器进行变化时，容器内的对象随之改变，若想解除锁定对象，再执行"锁定图框精确剪裁内容"，容器放大时容器内的对象不发生变化，图 3-77 所示锁定后效果，图 3-78 所示为解锁效果。

图 3-76　提取内容　　　　　　　　图 3-77　锁定后效果　　　　图 3-78　解锁后效果

## 3.5　透视效果

透视效果可以将对象扭曲,产生一种近大远小的立体效果,添加透视点的应用只针对独立对象或是群组对象,选中多个对象时不能添加透视点。

*01* 执行"文件"|"导入"命令，导入一张 cdr 格式的素材，如图 3-79 所示。

*02* 执行"效果"|"添加透视"命令，会出现红色矩形虚线框，如图 3-80 所示。

图 3-79　导入素材　　　　　　　　　　　图 3-80　添加透视

*03* 在四角处的黑色控制点上，拖动任何一个点，产生不同效果，如图 3-81 所示。

*04* 按住 Shift+Ctrl 键不放，拖动鼠标，在透视的末端会出现透视的消失点，如图 3-82 所示。

图 3-81　透视效果　　　　　　　　　　　　　　　　　　图 3-82　透视消失点

 **专家提示**

如果群组对象后不能添加透视效果框的话，一定是其中存在不能添加透视框的对象，如位图、段落文本、符号、链接群组等，此时要将它们转换为可添加透视框对象，可将次要的对象排除到群组之外，再对其单独应用其他变形来模拟透视效果，如斜切变形。

**技巧点拨**

按住 Ctrl 键拖动透视框的节点时，可限制节点仅在临近的两条边或其延长线上移动。

# 3.6 透镜效果

透镜可以使透镜下方的对象区域外观产生不同效果，但是不会改变原对象的属性。可以对任何的矢量对象应用透镜，还可以对美术字和位图改变外观。

执行"文件"|"导入"命令，导入一张素材，如图 3-83 所示。执行"窗口"|"泊坞窗"|"透镜"命令，或按快捷键 Alt+F3，在绘图页面右边打开"透镜"泊坞窗，如图 3-84 所示。选择工具箱中的"椭圆形工具" ⬭，在素材上拖动鼠标绘制图形，如图 3-85 所示。

图 3-83　导入素材　　　　　　　　图 3-84　透镜泊坞窗　　　　　　　图 3-85　绘制图形

在透镜泊坞窗中有三个复选框：冻结、视点和移除表面。

➥　冻结：会将透镜下面的对象组成透镜效果的一部分，即使透镜移动，底下的对象也保持透镜效果不变。

➥　视点：背景对象发生变化时，对象还会以动态形式维持视点。

➥　移除表面：透镜效果只显示对象与其他对象重叠的地方，被透镜覆盖的区域不可见。

在透镜类型中，有很多种不同的效果：

- 变亮：可以将对象区域变亮或是变暗。在透镜泊坞窗下拉列表中选择"变亮"选项，如图 3-86 所示。
- 颜色添加：透镜的颜色与透镜下的对象的颜色相加，得到混合光线。在透镜泊坞窗下拉列表中选择"颜色添加"选项，如图 3-87 所示。

图 3-86　变亮效果

图 3-87　颜色添加效果

- 色彩限度：将对象中的黑色和与透镜颜色一样的色彩过滤掉，在透镜泊坞窗下拉列表中选择"色彩限度"选项，如图 3-88 所示。
- 自定义彩色图：在颜色中设置颜色，可以将透镜下方对象区域颜色在设置的两种颜色以渐变形式显示。在透镜泊坞窗下拉列表中选择"自定义彩色图"选项，如图 3-89 所示。

图 3-88　色彩限度效果

图 3-89　自定义彩色图效果

- 鱼眼：将对象按百分比放大或缩小。在透镜泊坞窗下拉列表中选择"鱼眼"选项，如图 3-90 所示。
- 热图：将透镜下方的对象以冷暖的形式来显示。在透镜泊坞窗下拉列表中选择"热图"选项，如图 3-91 所示。

图 3-90　鱼眼效果

图 3-91　热图效果

- 反显：将透镜下方的对象颜色变为互补色显示。在透镜泊坞窗下拉列表中选择"反显"选项，如图 3-92 所示。
- 放大：按指定的数值将透镜下方对象的某个区域放大，对象看起来是透明效果。在透镜泊坞窗下拉列表中选择"放大"选项，如图 3-93 所示。

图 3-92　反显效果　　　　　　　　　　　　　　　　　　图 3-93　放大效果

❧　灰度浓缩，将透镜下方对象区域颜色变为等值的灰度。在透镜泊坞窗下拉列表中选择"灰度浓缩"选
　　项，如图 3-94 所示。

❧　透明度：将透镜变为透明的颜色，以显示透镜下的对象。在透镜泊坞窗下拉列表中选择"透明度"选
　　项，如图 3-95 所示。

图 3-94　灰度浓缩效果　　　　　　　　　　　　　　　　图 3-95　透明度效果

❧　线框：在颜色列表选择颜色，为透镜的轮廓和填充色，以透镜设置的颜色来显示。在透镜泊坞窗下拉
　　列表中选择"线框"选项，如图 3-96 所示。

图 3-96　线框效果

## 3.7　实例演练

　　本实例绘制的是一款鲜花公司的广告，此广告主要运用了填充工具、矩形工具、图框精确剪裁命令和添加透
镜效果，如图 3-97 所示。

*01*　启动 CorelDRAW X5，执行"文件"|"新建"命令，新建一个空白文档。

*02*　双击工具箱中的"矩形工具" ▢，绘制一个与页面大小相等的矩形，如图 3-98 所示。

*03*　选择工具箱中的"填充工具" ◇，在隐藏的工具组中选择"渐变填充"选项，在弹出的渐变填充对话

框中，选择"自定义"颜色选项，设置起点色为紫色（C20、M80、Y0、K20），45%位置处设置颜色为深紫色（C59、M91、Y0、K18），79%处和终点处颜色设置为白色，单击"确定"按钮，为矩形填充线性渐变，如图3-99所示。

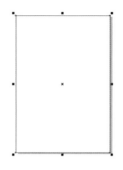

图3-97  鲜花公司广告                     图3-98  绘制矩形                      图3-99  填充渐变色

*04* 鼠标右键单击调色板上的☒按钮，去掉轮廓线，如图3-100所示。

*05* 执行"文件"|"导入"命令，导入一张素材，放置到合适的位置，如图3-101所示。

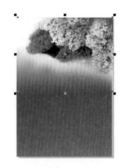

图3-100  去掉轮廓线                     图3-101  导入素材                     图3-102  导入素材

*06* 运用同样的操作方法，导入其他素材，如图3-102所示。

*07* 选中人物素材按住Shift键不放，鼠标左键单击牡丹花，将两个素材选中，执行"效果"|"图框精确剪裁"|"放置在容器中"命令，当光标变为➡️时，如图3-103所示。

*08* 单击绘制的矩形，将选中的素材放置到矩形中，如图3-104所示。

*09* 单击鼠标右键选择"编辑内容"选项，如图3-105所示。

图3-103  放置在容器中                   图3-104  放置在容器中                   图3-105  编辑内容

*10* 分别选中对象，进行调整，调整好之后，单击鼠标右键，选择"结束编辑"命令，如图3-106所示。

*11* 选择工具箱中的"矩形工具"🔲，拖动鼠标绘制矩形，填充从白色到深蓝色的线性渐变。起点设置为白色，57%位置颜色设置为紫色（C36、M77、Y0、K0），终点设置颜色为（C100、M97、Y25、K47），去掉轮

廓线，如图 3-107 所示。

*12* 选择工具箱中的"矩形工具" 🔲，在绘图页面绘制矩形，绘制完成之后，选择工具箱中的"形状工具" 🔽，将光标放置到矩形的顶点处，拖动鼠标，绘制圆角矩形，如图 3-108 所示。

图 3-106　结束编辑　　　　　　图 3-107　绘制矩形　　　　　　图 3-108　绘制圆角矩形

*13* 运用同样的操作方法绘制其他圆角矩形，如图 3-109 所示。

*14* 选择工具箱中的"选择工具" 🔽，按住 Shift 键，将绘制的全部圆角矩形选中，在属性栏中单击"合并"按钮 🔲，如图 3-110 所示。

*15* 单击调色板上的黄色色块，为绘制的图形填充颜色为黄色，去掉轮廓线，如图 3-111 所示。

图 3-109　绘制圆角矩形　　　　图 3-110　合并图形　　　　　　图 3-111　填充颜色

*16* 运用同样的操作方法绘制其他图形，如图 3-112 所示。

*17* 选中图形最下面一行的所有矩形，执行"排列"|"顺序"|"放置到此对象后"命令，当光标变为 ➡ 时，单击最下面的紫色矩形，效果如图 3-113 所示。

*18* 选择工具箱中的"文本工具" 字，在绘图页面单击鼠标左键，输入文字，在属性栏中设置字体大小为 48，字体设置为"方正少儿简体"，单击调色板上的橘红色色块，填充颜色，如图 3-114 所示。

图 3-112　绘制图形　　　　　　图 3-113　调整图层顺序　　　　　图 3-114　输入文字

*19* 选择工具箱中的"选择工具" 🔽，选中文字，拖动到合适的位置时单击鼠标右键，复制文字，单击调色板上的白色色块，填充颜色为白色，如图 3-115 所示。

*20* 在属性栏中设置字体为"方正水柱简体",按下 Ctrl+PageDown 快捷键,将文字调整图层顺序,调整到合适的位置,如图 3-116 所示。

*21* 运用同样的方法绘制其他文字,如图 3-117 所示。

图 3-115　复制文字

图 3-116　调整图层顺序

图 3-117　输入文字

*22* 选择工具箱中的"三点曲线工具"，绘制图形,如图 3-118 所示。

*23* 单击调色板上的红色色块填充颜色为红色,去掉轮廓线,如图 3-119 所示。

*24* 复制图形,填充颜色为白色,调整图层顺序,如图 3-120 所示。

图 3-118　绘制图形

图 3-119　填充颜色

图 3-120　复制图形

*25* 选择工具箱中的"椭圆形工具"，在绘图页面拖动鼠标绘制椭圆形,如图 3-121 所示。

*26* 执行"窗口"|"泊坞窗"|"透镜"命令,在绘图页面右边显示"透镜泊坞窗",在"透镜泊坞窗"的类型下拉列表中选择"鱼眼",在比率中设置为 45%,鼠标右键单击调色板上的 按钮,去掉轮廓线,如图 3-122 所示。

*27* 运用同样的操作方法,对其他图形添加透镜效果,如图 3-123 所示。

图 3-121　绘制圆形

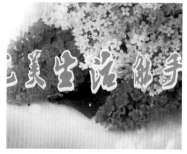

图 3-122　透镜效果

图 3-123　最终效果

# 第 4 章

# 交互式特效

本章重点

◆ 交互式调和工具　　◆ 交互式轮廓图工具

◆ 交互式变形工具　　◆ 交互式阴影工具

◆ 交互式封套工具　　◆ 交互式立体化工具

◆ 交互式透明工具　　◆ 实例演练

前面几章介绍了 CorelDRAW 的一些基本绘图和编辑操作，本章讲解 CorelDRAW X5 提供的高级编辑工具——交互式工具，这些工具的应用更能使图形产生锦上添花的效果。交互式工具可以为对象添加调和效果、轮廓图效果、变形效果、阴影效果、封套效果、立体化效果和透明度效果。

## 4.1 交互式调和工具

调和效果可以使绘图对象之间产生形状和颜色的过渡，交互式调和工具是 CorelDRAW 中应用很广泛的工具之一，在不同对象之间应用调和时，对象中的填充色、外形轮廓和排列顺序等对调和效果产生直接影响。

"交互式调和工具"  的属性栏如图 4-1 所示。通过属性栏中的参数设置可改变图形调和的形式、方向、中间图形的数量、距离、旋转方式和颜色，并可对其进行拆分、熔合或清除等操作。

图 4-1　交互式调和工具属性栏

该属性栏上各参数的含义如下：

- "预置列表" 下拉列表框 预设... ：可从中选择系统预设的图形调和样式。
- "添加预设" 按钮 ➕：此按钮可将制作的图形调和样式进行保存。
- "删除预设" 按钮 ➖：此按钮可将选择的新建图形调和样式在 "预设列表" 中删除，但是它只有在 "预设列表" 中选择了新创建的图形调和样式才可用。
- "调和步长数" 按钮 和 "调和间距" 按钮 ：这两个按钮是确定图形在路径上按制定的步数或固定的间距进行调和的设置，但是它们只有在创建了沿路径调和的图形后才可用。
- "步数或调和形状之间的偏移量" 微调框 ：用来设置中间调和图形的数量和中间调和图形之间的偏移量。
- "调和方向" 微调框 ：用来对调和中的中间图形进行旋转。参数为正时，图形将以逆时针方向旋转；参数为负时则相反。
- "环绕调和" 按钮 ：此按钮可在调和图形之间围绕调和的中心点旋转中间的图形，但是它只有在设置了 "调和方向" 后才可用。
- "直接调和" 按钮 ：按下此按钮，在调和图形时将用直接渐变的方式填充中间的图形。
- "顺时针调和" 按钮 ：按下此按钮，在调和图形时将用色盘顺时针方向的色彩填充中间的图形。
- "逆时针调和" 按钮 ：按下此按钮，在调和图形时将用色盘逆时针方向的色彩填充中间的图形。
- "对象和颜色加速" 按钮 ：单击此按钮将出现 "对象和颜色加速" 选项面板。通过拖动相应的滑块可对渐变路径上的图形和色彩分布进行调整。
- "加速调和时的图形大小调整" 按钮 ：按下此按钮，在调和图形的对象加速时，将影响到中间图的大小。
- "杂项调和选项" 按钮 ：单击此按钮将出现 "杂项调和" 选项面板。
- "映射节点" 按钮 ：此按钮可调节调和图形的节点。
- "拆分" 按钮 ：此按钮可从调和图形中将选中的图形拆分出来。
- "熔合始端" 按钮 和 "熔合末端" 按钮 ：按住 Ctrl 键的同时单击拆分后的调和图形或复合调和图形中的某一图形，再单击这两个按钮中的一个，可用将其熔合为直接调和图形。
- "沿全路径调和" 选项：此选项可将调和图形沿整个路径排列。
- "旋转全部对象" 选项：勾选此选项，沿路径排列的调和图形将跟随路径的形态旋转。
- "起始和结束对象属性" 按钮 ：单击此按钮将出现一个选项面板，从中可对调和图形进行相应调整。
- "路径属性" 按钮 ：单击此按钮也将出现一个选项面板，从中可对路径调和的图形进行相应调整。
- "复制调和属性" 按钮 ：此按钮可将单击图形的调和属性复制到当前选择的调和图形上。
- "清除调和" 按钮 ：此按钮可将调和图形的调和属性删除。

## 4.1.1 创建对象的调和

*01* 绘制图形，执行"新建"|"导入"命令，导入一张素材，如图 4-2 所示。

*02* 选择工具箱中的"选择工具" ，将两个图形选中。选择工具箱中的"交互式调和工具" ，在属性栏调和步长的调和对象中设置数值为 10。

*03* 选择一个对象为起始对象，按下鼠标左键拖动鼠标到另一个对象上，如图 4-3 所示。

图 4-2　导入素材

图 4-3　调和效果

图 4-4　设置调和效果

*04* 选择工具箱中的"交互式调和工具" ，在属性栏中可以设置调和对象数值，设置好之后按下 Enter 键，产生不同效果，如图 4-4 所示是设置数值为 4 的效果。图 4-5 所示是设置数值为 20 的效果。

*05* 在属性栏的调和方向中可以设置调和的旋转角度，设置数值为 55，调和对象数值为 20，按下 Enter 键，效果如图 4-6 所示。

*06* 在属性栏中单击"环绕调和"按钮 ，调和对象除了自身旋转外，同时起点和终点之间的图形也以中心位置为中心轴进行旋转，如图 4-7 所示。

图 4-5　设置调和效果

图 4-6　设置调和角度

图 4-7　环绕调和效果

*07* 在属性栏中还有"直接调和"按钮 、"顺时针调和"按钮 和"逆时针调和"按钮 ，单击不同的按钮，产生不同的效果，默认的是"直接调和"，如图 4-8 所示是按下"顺时针调和"的效果，如图 4-9 所示是按下"逆时针调和"的效果。

图 4-8　顺时针调和

图 4-9　逆时针调和

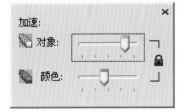
图 4-10　"加速"对话框

*08* 单击属性栏中"对象和颜色加速"按钮⬚不放，弹出"加速"对话框，如图4-10所示。在此对话框中设置对象和颜色，如图4-11所示。

*09* 保持上述操作不变，单击属性栏中的"调整加速大小"按钮⬚，如图4-12所示。

*10* 单击属性栏中的"更多调和选项"按钮⬚，在下拉列表中单击"拆分"按钮⬚，当光标变为 🖋 时，在中间调和图形中单击调和中的某一个对象，这时将对象拆分开，移动对象，如图4-13所示。

图4-11 加速效果

图4-12 调整加速大小

图4-13 拆分调和

## 4.1.2 改变起点或终点对象

*01* 选择工具箱中的"星形工具"⬚，在绘图页面拖动鼠标绘制星形，如图4-14所示。

*02* 选中调和对象，在属性栏中单击"起始和结束属性"按钮⬚，在下拉列表中选择"新终点"选项，当光标变为 ◀ 时，在绘制的星形上单击鼠标左键，如图4-15所示。

*03* 选中调和对象，在属性栏中单击"起始和结束属性"按钮⬚，在下拉列表中选择"新起点"选项，当光标变为 ◀ 时，在绘制的星形上单击鼠标左键，如图4-16所示。

图4-14 绘制星形

图4-15 新终点效果

图4-16 新起点效果

## 4.1.3 沿路径调和

建立调和之后，通过运用"路径属性"功能，可将对象按照指定的路径进行调和。

*01* 选择工具箱中的"贝塞尔工具"⬚，在绘图页面拖动鼠标绘制曲线，如图4-17所示。

*02* 选中调和对象，在属性栏中单击"路径属性"按钮⬚，在下拉列表中选择"新路径"选项，如图4-18所示。

*03* 当光标变为 🖋 时，如图4-19所示。单击绘制的曲线，如图4-20所示。

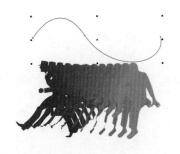

图 4-17　绘制曲线　　　　　　　图 4-18　新路径　　　　　　　图 4-19　光标形状

*04* 执行"效果"|"调和"命令，在绘图页面右边弹出"混合"泊坞窗，在泊坞窗中勾选"沿全路径调和"复选框，如图 4-21 所示。单击"应用"按钮，如图 4-22 所示。

图 4-20　到路径效果　　　　　　图 4-21　混合泊坞窗　　　　　　图 4-22　沿全路径调和

*05* 在"混合"泊坞窗中再勾选"旋转全部对象"复选框，如图 4-23 所示。单击"应用"按钮，如图 4-24 所示。

*06* 鼠标右键单击调色板上的⊠按钮，将曲线隐藏，如图 4-25 所示。

图 4-23　旋转全部对象　　　　图 4-24　旋转全部对象　　　　　图 4-25　隐藏曲线

## 4.1.4 复合调和

*01* 执行"文件"|"导入"命令，导入素材，如图 4-26 所示。

*02* 选择工具箱中的"选择工具"，按住 Shift 键，单击鼠标将多边形和照相机图形选中。再选择工具箱中的"交互式调和工具"，将鼠标放置到照相机图形上，拖动鼠标到多边形图形上，创建调和效果，如图 4-27 所示。

*03* 选择工具箱中的"选择工具" ，按住 Shift 键，将照相机图形和钢笔图形选中，再选择工具箱中的
"交互式调和工具" ，将鼠标放置到钢笔图形上，拖动鼠标到照相机图形上，创建调和效果，如图 4-28 所示。

图 4-26　导入素材　　　　　　　　图 4-27　调和效果　　　　　　　　图 4-28　调和效果

**专家提示**

除了用上述的方法建立复合调和外，还可以用调和工具在单一调和中间对象上双击，将单一调和拆分为复
合调和，被双击的中间对象将变为过渡调和对象（即中间带方框控制符的对象）。如双击过渡调和对象上的小
方框，可融合两侧的子调和。

## 4.1.5　复制调和属性

当绘图页面有两个或两个以上的调和对象时，单击属性栏中的"复制调和属性"按钮 ，可以将其中的一
个调和对象的属性复制到另一个调和对象，得到两个调和对象具有相同属性的图形。

*01* 选中需要复制调和的对象，如图 4-29 所示。

*02* 单击属性栏中的"复制调和属性"按钮 ，当光标变为 时，单击另一个调和对象，效果如图 4-30
所示。

图 4-29　选中对象　　　　　　　　　　　　　　图 4-30　复制调和属性

## 4.2　交互式轮廓图工具

轮廓图效果是图形向内部或者外部放射的层次效果，它由多个同心线圈组成，可以通过向中心、向内和向外
3 种方向创建轮廓图，方向不同效果不同。

## 4.2.1　创建对象的轮廓图

交互式轮廓工具可以制作出对象的轮廓向内或向外放射的同心效果。轮廓图效果只需要在一个对象上就能完

成。

*01* 选择工具箱中的"三点曲线工具"，在绘图页面拖动鼠标绘制苹果的图形，如图 4-31 所示。

*02* 选择工具箱中的"交互式轮廓工具"，在属性栏中单击"线性轮廓色"按钮，在图形上按住鼠标并向中心拖动，效果如图 4-32 所示。

图 4-31　绘制图形

图 4-32　添加轮廓线

专家提示

交互式轮廓图工具处理的轮廓对象必须是独立的对象，不能是群组对象。

*03* 选择工具箱中的"交互式轮廓工具"后，在属性栏中设置数值，如图 4-33 所示：

图 4-33　交互式轮廓工具属性栏

该属性栏上各参数的含义如下：

- ↘ 预设列表：在下拉列表中可以选择内向流动或外向流动两种预设轮廓图样。
- ↘ 到中心按钮：调整为由图形边缘向中心放射的轮廓效果。
- ↘ 内部轮廓按钮：设置对象为内部放射轮廓效果。
- ↘ 外部轮廓按钮：设置对象为外部放射轮廓效果。
- ↘ 轮廓图步长：在轮廓图步长下拉列表中设置数值可以改变轮廓图的发射数量。
- ↘ 轮廓图偏移：设置轮廓图效果中的步数间的距离。
- ↘ 线形轮廓色按钮：直线形式对图形进行颜色渐变填充轮廓图。
- ↘ 顺时针轮廓色按钮：在色轮盘中按顺时针颜色对图形的轮廓图进行填充。
- ↘ 递时针轮廓色按钮：在色轮盘中按递时针颜色对图形的轮廓图进行填充。
- ↘ 轮廓色：设置轮廓图效果中最后一轮轮廓图的轮廓颜色，过渡色随之变化。
- ↘ 填充色：改变轮廓图效果中最后一轮轮廓图的填充颜色，过渡色随之变化。

**4.2.2　轮廓色和填充色的设置**

*01* 选中轮廓效果对象，单击属性栏中的轮廓色下拉列表，选择颜色为红色，如图 4-34 所示。

*02* 双击状态栏中的"轮廓笔工具"，在弹出的"轮廓笔"对话框的宽度中设置合适的数值，如图 4-35 所示。

图 4-34　填充颜色

图 4-35　"轮廓笔"对话框

*03* 单击"确定"按钮，效果如图 4-36 所示。

*04* 在调色板上单击黄色色块，设置起始端轮廓的填充色，如图 4-37 所示。

*05* 在属性栏中的填充色下拉列表中选择颜色，为轮廓图的终端的对象设置填充色，如图 4-38 所示。

图 4-36　填充轮廓效果

图 4-37　设置起始端颜色

图 4-38　设置终端颜色

## 4.2.3 清除和拆分轮廓设置

清除轮廓效果时，选中轮廓图对象，如图 4-39 所示。执行"效果"|"清除轮廓"命令，效果如图 4-40 所示。

图 4-39　选中对象

图 4-40　清除轮廓

图 4-41　拆分轮廓图群组

图 4-42　移动拆分对象

需要拆分对象轮廓效果时，执行"排列"|"拆分轮廓图群组"命令，如图 4-41 所示。选择工具箱中的"选择工具" ，拖动对象到合适的位置，如图 4-42 所示。

 专家提示

拆分后的图形为三部分，分别为起始对象、终点对象和调和中间部分。调和中间部分不会被拆分。

## 4.2.4 复制轮廓图属性

*01* 选择工具箱中的"三点曲线工具" ，在绘图页面拖动鼠标绘制图形，如图 4-43 所示。

*02* 在工具箱中选择"交互式轮廓工具" 📭，在属性栏中单击"复制轮廓图属性"按钮📭，当光标变为 ➡ 时，鼠标左键单击轮廓效果图形，如图 4-44 所示。

图 4-43　绘制图形　　　　　　　　图 4-44　复制轮廓图属性

**专家提示**

轮廓图效果的属性被复制到图形上，复制后的效果只复制轮廓对象的步数、偏移和轮廓色，但填充颜色不能被复制。

# 4.3 交互式变形工具

交互式变形工具可以对选中的对象进行不同效果的变形，在属性栏中提供了三种不同类型的扭曲效果：推拉变形、拉链变形和扭曲变形，如图 4-45 所示。

该属性栏上各参数的含义如下：

- ↘ "添加新变形"按钮🔁：此按钮可将当前选择的变形图形作为一个新的图形，再次对其进行变形操作。
- ↘ "推拉失真振幅"微调框 ～0 ：用来设置图形推拉变形的振幅大小，其参数设置范围为-200~200。当参数为负时，可将图形推进变形；反之则将图形拉出变形。
- ↘ "中心变形"按钮🔳：此按钮可将图形变形的中心点调整到图形的中心位置。
- ↘ "转换为曲线"按钮🔘：此按钮可将变形后的图形转换为曲线图形。

## 4.3.1 推拉变形

推拉变形按钮🔳：推拉对象节点产生不同的推拉效果。

在属性栏的预设中，提供了多种变形效果，在下拉列表中选择需要的变形效果，如图 4-46 所示。

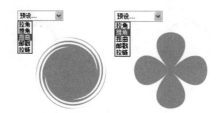

图 4-45　交互式变形工具属性栏　　　　　　　　图 4-46　预设变形效果

*01* 选择工具箱中的"复杂星形工具" ⚙️，在属性栏中设置参数，在页面拖动鼠标绘制复杂星形，如图 4-47 所示。

*02* 单击调色板上的紫色色块，为图形填充颜色，鼠标右键单击调色板上的 ⊠ 按钮，去掉轮廓线，如图 4-48 所示。

图 4-47　绘制图形　　　　　图 4-48　填充颜色　　　　　图 4-49　添加扭曲效果

*03* 选择工具箱中的"交互式扭曲工具" 🎨，单击属性栏中"推拉变形"按钮 ⊠，在图形上按住鼠标左键拖动，如图 4-49 所示。得到合适的图形时，释放鼠标左键，得到如图 4-50 所示的图形。

*04* 在属性栏"推拉振幅"中，设置数值，如图 4-51 所示。

图 4-50　最终效果　　　　　　　　图 4-51　设置推拉振幅

## 4.3.2 拉链变形

拉链变形按钮 ⚙️：在对象的内外侧产生很多节点，使对象的轮廓变为锯齿状效果。

*01* 执行"文件"|"导入"命令，导入一张素材，如图 4-52 所示。

*02* 选择工具箱中的"交互式扭曲工具" 🎨，单击属性栏中 "拉链变形"按钮 ⚙️，在属性栏"拉链失真振幅"中设置数值为 50，"拉链失真频率"中设置数值为 10，按下 Enter 键，如图 4-53 所示。

图 4-52　导入素材　　　　图 4-53　拉链变形效果　　　　图 4-54　随机变形效果

*03* 将图形选中，单击属性栏中 "随机变形"按钮 ⊞，效果如图 4-54 所示。

*04* 绘制图形，将图形选中，单击属性栏中 "平滑变形" 按钮 ，效果如图 4-55 所示。

*05* 绘制图形，将图形选中，单击属性栏中 "局部变形" 按钮 ，效果如图 4-56 所示。

图 4-55　平滑变形效果

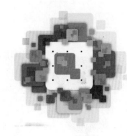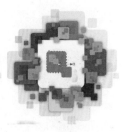

图 4-56　局部变形效果

### 4.3.3 扭曲变形

*01* 绘制图形，如图 4-57 所示。

*02* 选择工具箱中的 "变形工具" ，在属性栏中单击 "扭曲变形" 按钮 ，在属性栏中设置完全旋转的数值为 9，单击 "逆时针旋转" 按钮 ，按下 Enter 键，效果如图 4-58 所示。

图 4-57　绘制图形

图 4-58　添加变形效果

## 4.4　交互式阴影工具

阴影效果是绘图过程中常用到的一种特效，运用交互式阴影工具可以快速地给绘制的图形添加阴影效果，在属性栏还可以设置阴影的偏移、角度、透明度、羽化、位置和颜色。

### 4.4.1 创建对象的阴影

选择工具箱中的 "交互式阴影工具" ，属性栏会出现关于阴影效果的参数，如图 4-59 所示。

图 4-59　交互式阴影工具属性栏

↘　阴影偏移：设置阴影与图形之间的偏移距离，数值为正数时阴影向上或是向右偏移，负值时阴影向下或是向左偏移。创建阴影效果后阴影偏移才会被激活。在阴影偏移中设置 "x" 的值为 -5，"y" 的值为 1.5，按下 Enter 键，如图 4-60 所示。

◥ 阴影角度：设置阴影的方向。

◥ 阴影的不透明度：设置阴影的透明效果，数值越大阴影效果颜色越重，数值越小阴影颜色效果越淡。
如图 4-61 所示是阴影不透明度数值为 20%时的效果。图 4-62 所示是阴影不透明度数值为 80%时的效果。

图 4-60　阴影偏移效果　　　　　　图 4-61　设置透明度　　　　　　图 4-62　设置透明度

◥ 阴影羽化：设置阴影的羽化效果，羽化数值越大阴影的边缘越平滑，如图 4-63 所示是羽化值为 3 时的
效果。图 4-64 所示是羽化值为 20 时的效果。

图 4-63　设置羽化值　　　　　　　　　　　　图 4-64　设置羽化值

◥ 羽化方向：在下拉列表羽化方向中选择阴影羽化方向，如图 4-65 所示。

"向内"羽化　　　　　　"中间"羽化　　　　　　"向外"羽化　　　　　　"平均"羽化

图 4-65　羽化方向

◥ 阴影颜色：在颜色下拉列表中选择合适的颜色作为阴影色，如图 4-66 所示。

图 4-66　设置阴影颜色

### 4.4.2 复制对象阴影

*01* 执行"文件"|"导入"命令,导入一张素材,如图 4-67 所示。

*02* 选择工具箱中的"选择工具" [图] ,将表的图形选中。再选择工具箱中的"交互式阴影工具" [图] ,在属性栏中单击"复制阴影效果属性"按钮[图] ,当光标变为 ➡ 时,单击人物图形,如图 4-68 所示。

*03* 阴影复制完成后的效果,如图 4-69 所示。

图 4-67　导入素材　　　　　　图 4-68　复制阴影效果属性　　　　　　图 4-69　最终效果

### 4.4.3 拆分阴影

*01* 执行"文件"|"导入"命令,导入一张素材,如图 4-70 所示。

*02* 选择工具箱中的"选择工具" [图] ,将图形选中,按下 Ctrl+K 快捷键将图形与阴影拆分开,选中阴影,将阴影移动到合适位置,如图 4-71 所示。

### 4.4.4 清除阴影

*01* 执行"文件"|"导入"命令,导入一张素材,选择吊坠如图 4-72 所示。

*02* 选择工具箱中的"交互式阴影工具" [图] ,在属性栏中单击"清除阴影"按钮[图] ,如图 4-73 所示。

图 4-70　导入素材　　　　　图 4-71　拆分阴影　　　　　图 4-72　导入素材　　图 4-73　清除阴影

## 4.5　交互式封套工具

封套是指通过使用形状工具操作对象封套的控制点来改变对象的基本形状。CorelDRAW 提供了功能非常强大的交互式封套工具,使用它可以很容易地对图形或文字进行变形,将对象的外形修饰得非常漂亮或满足设计要求。

### 4.5.1 创建对象的封套效果

*01* 执行"文件"|"导入"命令，导入一张用于创建封套效果的素材，如图 4-74 所示。

*02* 选择工具箱中的"交互式封套工具" ，此时在图片的周围会出现一个蓝色的虚线矩形框，如图 4-75 所示。

图 4-74　导入素材　　　　　　　　图 4-75　虚线框　　　　　　　　图 4-76　调整形状

*03* 用鼠标拖拽控制点，效果如图 4-76 所示。

*04* 选择工具箱中的"选择工具" ，去掉虚线框，效果如图 4-77 所示。

在属性栏预设中，提供了多种不同的预置封套效果，如图 4-78 所示，是选择"挤远"之后的效果。图 4-79 所示，是选择"上推"之后的效果。

图 4-77　最终效果　　　　　　　图 4-78　"挤远"效果　　　　　　图 4-79　"上推"效果

### 4.5.2 封套效果的编辑

选择工具箱中的"交互式封套工具" ，属性栏中有多种模式供选择，如图 4-80 所示。

图 4-80　交互式封套工具属性栏

#### 1. 直线模式

直线模式按钮 ：移动封套控制点时保持封套边线为直线，如图 4-81 所示。

图 4-81　直线模式

## 2. 单弧模式

单弧模式按钮 ⬜：沿水平或是垂直方向移动封套的控制点，封套边线即会变为单弧线，如图 4-82 所示。

图 4-82　单弧模式

## 3. 双弧模式

双弧模式按钮 ⬜：可将封套调整为双弧形状，移动封套的控制点，封套边线会变为 S 形弧线，如图 4-83 所示。

图 4-83　双弧模式

## 4. 非强制模式

非强制模式按钮 ✎：可以不受限制的编辑封套形状，还可以增加或删除封套的控制点，如图 4-84 所示。

图 4-84　非强制模式

#### 5．添加新封套

添加新封套按钮![icon]：将对象进行变形之后，单击此按钮可以再次对对象添加封套并进行形状调整，如图 4-85 所示。

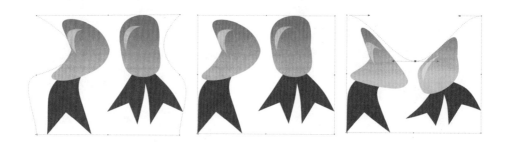

图 4-85　添加新封套

- "映射模式"下拉列表框 自由变形 ⌄ ：用来选择控制封套改变图形外观的模式。
- "保留线条"按钮![icon]：为图形添加封套变形效果时，按下此按钮可保持图形中的直线不被改变为曲线。
- "创建封套自"按钮![icon]：单击此按钮后将鼠标移动到图形上单击，可将单击图形的形状为选择的封套图形添加新封套。

## 4.6 交互式立体化工具

立体效果是利用三维空间的立体旋转和光源照射的功能来完成的。CorelDRAW X5 中的交互式立体化工具可以制作和编辑图形的三维效果，下面将具体来介绍如何制作图形的立体效果。

### 4.6.1 创建对象的立体化效果

*01* 选择工具箱中的"椭圆形工具"![icon]，按住 Ctrl 键在绘图页面拖动鼠标绘制正圆，填充渐变色，去掉轮廓线，效果如图 4-86 所示。

*02* 选择工具箱中的"交互式立体化工具"![icon]，在图形上拖动鼠标为图形添加立体化效果，在属性栏设置好参数，效果如图 4-87 所示。

图 4-86　绘制图形

图 4-87　添加立体化效果

## 4.6.2 立体化效果的编辑

选择工具箱中的"交互式立体化工具"  之后，在属性栏中可以设置数值，改变立体化效果，如图 4-88 所示。

图 4-88　交互式立体化工具属性栏

- 预设列表：在预设列表中，提供了多种不同的立体化效果，如图 4-89 所示。可以直接选择，即可赋予对象。
- 立体化类型：在立体化类型下拉列表中提供了多种不同立体化效果类型，如图 4-90 所示。

图 4-89　预设列表

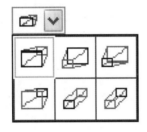

图 4-90　立体化类型列表

图 4-91　设置深度值

- 深度：在深度数值框中输入的数值越大，对象的立体化效果越深，数值越小，立体化效果越浅，如图 4-91 所示是深度数值为 20 时的立体效果，图 4-92 所示是深度数值为 50 时的效果。
- 灭点坐标：可以设置对象的立体化灭点坐标位置，灭点就是指对象的消失点，如图 4-93 所示为灭点坐标 X 为 -7mm，Y 为 1mm 的效果。图 4-94 所示为灭点坐标 X 为 5mm，Y 为 10mm 的效果。

图 4-92　设置深度值

图 4-93　设置坐标灭点

图 4-94　设置坐标灭点

- 灭点属性：在"灭点属性"下拉列表中，如图4-95所示。选择不同选项，可以用来设置灭点属性。
- 立体化方向按钮：可以调整对象的立体化视图角度，如图4-96所示。
- 立体化颜色按钮：单击此按钮，会弹出"颜色"下拉列表，如图4-97所示。可以从中选择立体化对象的颜色填充类型。

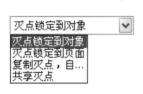

图4-95　灭点属性列表　　　　　图4-96　立体化方向　　　　　图4-97　"颜色"列表

- 立体化倾斜按钮：单击此按钮，会弹出"斜角修饰边"下拉列表，如图4-98所示。从中勾选"使用斜角修饰边"选项，进行数值设置。
- 照明按钮：单击此按钮，会弹出"照明"下拉列表，如图4-99所示。在对话框中为对象添加灯光效果，图4-100所示为单击"光源1"按钮之后的效果。

图4-98　"立体化倾斜"列表　　　　图4-99　"照明"列表　　　　图4-100　添加照明

### 4.6.3　清除立体化

对对象进添加立体化效果之后，单击属性栏中的"清除立体化"按钮，对象效果如图4-101所示。

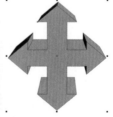

图4-101　清除立体化　　　　图4-102　取消立体化倾斜效果　　图4-103　清除立体化效果

**专家提示**

如果设置了立体化倾斜效果，在属性栏中单击"立体化倾斜"按钮，在弹出的下拉列表中，单击"使用斜角修饰边"选项，将前面的对勾去掉，即可取消掉，如图4-102所示，再次单击属性栏中的"清除立体化"按钮，如图4-103所示。

## 4.7 交互式透明工具

使用交互式透明工具可以为对象制作出透明图层效果，此工具可以为对象很好的表现质感，并增强对象的真实效果。

### 4.7.1 创建对象的透明效果

*01* 执行"文件"|"导入"命令，导入一张素材，如图 4-104 所示。

*02* 选择工具箱中的"三点曲线工具" 🖫，在绘图页面拖动鼠标绘制高光图形，单击调色板上的白色色块，填充颜色为白色，鼠标右键单击调色板上的☒按钮，去掉轮廓线，如图 4-105 所示。

*03* 选中绘制的白色高光，再选择工具箱中的"交互式透明工具" 🖳，在属性栏透明度类型下拉列表中，选择"标准"选项，添加透明效果前后对比，如图 4-106 所示为添加透明效果前后对比。

图 4-104　导入素材　　　　图 4-105　绘制图形　　　　　　图 4-106　添加透明效果

### 4.7.2 透明效果的编辑

选择工具箱中的"交互式透明工具" 🖳之后，在属性栏中设置数值，可改变透明效果，如图 4-107 所示。透明度类型中提供了多种类型：

#### 1. 标准

选择此类型后，对象所有部分都会以相同的形式进行透明添加，如图 4-108 所示。

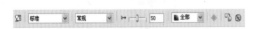

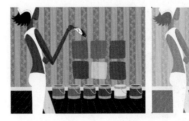

图 4-107　交互式透明工具属性栏　　　　　　　　图 4-108　标准透明效果

#### 2. 线性

指沿直线方向为对象添加透明效果，如图 4-109 所示。

### 3. 辐射

透明效果以中心向外进行渐变，如图 4-110 所示。

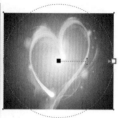

图 4-109　线性透明效果　　　　　　　　　　图 4-110　辐射透明效果

### 4. 圆锥

透明效果按圆锥形式进行渐变，如图 4-111 所示。

### 5. 正方形

透明效果按正方形形式进行渐变，如图 4-112 所示。

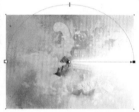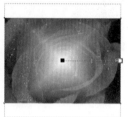

图 4-111　圆锥透明效果　　　　　　　　　　图 4-112　正方形透明效果

### 6. 双色图样、全色图样、位图图样和底纹

为对象添加图样或是纹理的透明效果，如图 4-113 所示为对象添加双色图样的效果，图 4-114 所示是为对象添加全色图样的效果。

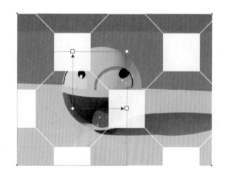

图 4-113　双色图样透明效果　　　　　　　　图 4-114　全色图样透明效果

图 4-115 所示是添加的位图图样透明效果，图 4-116 所示是添加底纹透明效果。

图 4-115　位图图样透明效果　　　　　　　　　图 4-116　底纹透明效果

> ➤ "透明中心点"选项  100：用来设置图形透明的强度，改变图形透明中心点位置的对比效果。

> ➤ "渐变透明角度和边衬"微调框 ：用来设置添加透明效果的角度和透明程度。

> ➤ "透明度目标"下拉列表框 全部 ：用来选择透明效果应用于图形的部位，包括填充、轮廓和全部 3 个选项。

> ➤ "冻结"按钮 ：此按钮可将图形的透明效果冻结。当移动该图形时，图形之间叠加产生的效果将不会发生改变。

## 4.8 实例演练

本实例是一款手提袋的包装袋设计，此实例运用了矩形工具、填充工具、添加透视命令、交互式变形工具、交互式封套工具、交互式透明工具和交互式阴影工具来完成，效果如图 4-117 所示。

*01* 启动 CorelDRAW X5 后，执行"文件"|"新建"命令，新建一个空白文档。

*02* 选择工具箱中的"矩形工具" ，在绘图页面拖动鼠标绘制矩形，如图 4-118 所示。

*03* 选中矩形，按住 Ctrl 键拖动鼠标，将矩形移动到合适的位置时，单击鼠标右键，复制矩形，如图 4-119 所示。

图 4-117　包装袋　　　　　　　图 4-118　绘制矩形　　　　　　　图 4-119　复制矩形

*04* 多次按下 Ctrl+D 快捷键，将图形进行再制，效果如图 4-120 所示。

*05* 选择工具箱中的"选择工具" ，将全部矩形框选选中，调整大小与页面大小相等，如图 4-121 所示。

*06* 分别选中每一个矩形，单击调色板上的颜色色块，填充不同的颜色，如图 4-122 所示。

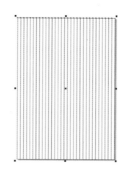

图 4-120 再制效果　　　　图 4-121 调整大小　　　　图 4-122 填充颜色

*07* 将矩形再次全部选中，鼠标右键单击调色板上的⊠按钮，为图形去掉轮廓线，如图 4-123 所示。

*08* 按下 Ctrl+G 快捷键，将矩形进行群组，再选择工具箱中的"矩形工具"▢，在绘图页面拖动鼠标绘制矩形，填充颜色为灰色，去掉轮廓线，如图 4-124 所示。

*09* 选择工具箱中的"交互式变形工具"▣，在属性栏中单击"拉链变形"按钮⚙，在"拉链失真振幅"中设置数值为 3，在"拉链失真频率"中设置数值为 10，按下 Enter 键，如图 4-125 所示。

图 4-123 去除轮廓线　　　　图 4-124 绘制矩形　　　　图 4-125 拉链变形效果

*10* 在变形的控制点上拖动鼠标，得到如图 4-126 所示效果。

*11* 在属性栏中单击"推拉变形"按钮⊠，拖动鼠标继续绘制变形效果，如图 4-127 所示。

*12* 选择工具箱中的"选择工具"▶，调整图形大小和位置，如图 4-128 所示。

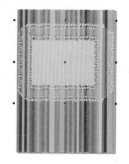

图 4-126 调整形状　　　　图 4-127 推拉变形　　　　图 4-128 调整图形大小

*13* 选择工具箱中的"交互式透明工具"♒，在属性栏"透明度类型"的下拉列表中，选择"底纹"选项，在底纹样式中，选择需要的纹理，如图 4-129 所示。

**14** 执行"文件"|"导入"命令，导入一张素材，放置到合适的位置，如图4-130所示。

**15** 选择工具箱中的"矩形工具"□，运用同样的操作方法填充颜色，并去掉轮廓线，如图4-131所示。

图 4-129　添加透明效果　　　　　图 4-130　导入素材　　　　　图 4-131　绘制矩形

**16** 执行"效果"|"添加透视"命令，矩形周围出现红色的虚线框，如图4-132所示。

**17** 在红色虚线框的顶点上拖动鼠标，绘制透视效果，如图4-133所示。

**18** 选择工具箱中的"交互式封套工具"，调整形状，如图4-134所示。

图 4-132　添加透视　　　　　图 4-133　添加透视　　　　　图 4-134　调整形状

**19** 选择工具箱中的"三点曲线工具"，绘制图形，效果如图4-135所示。

**20** 选择工具箱中的"三点曲线工具"，在绘图页面，拖动鼠标绘制提手图形，在属性栏中设置宽度为3.0mm，鼠标右键单击调色板上的60%灰色色块，填充颜色为灰色，如图4-136所示。

**21** 复制图形，并填充轮廓色为20%灰色，调整宽度为0.5mm，如图4-137所示。

图 4-135　绘制图形　　　　　图 4-136　绘制图形　　　　　图 4-137　绘制图形

**22** 选中绘制的两个图形，再选择工具箱中的"交互式调和工具"，拖动鼠标绘制调和效果，在属性栏"调和对象"中设置数值为5，效果如图4-138所示。

*23* 复制图形，调整好位置，效果如图 4-139 所示。

*24* 选择工具箱中的"选择工具" ，将所有图形选中，按下 Ctrl+G 快捷键，将图形进行群组，选择工具箱中的"交互式阴影工具" ，拖动鼠标绘制阴影效果，在属性栏中设置"不透明度"为 30、"羽化值"为 10，按下 Enter 键，效果如图 4-140 所示。

图 4-138　调和效果

图 4-139　复制图形

图 4-140　添加阴影效果

*25* 选中图形缩小到合适的位置，双击工具箱中的"矩形工具" □，绘制一个与页面大小相等的矩形，选择工具箱中的"填充工具" ◆，在隐藏的工具组中选择"渐变填充"选项，在弹出的"渐变填充"对话框类型中选择"辐射"，设置颜色为从黑色到 50%灰色的渐变色，如图 4-141 所示。

*26* 单击"确定"按钮，完成绘制，效果如图 4-142 所示。

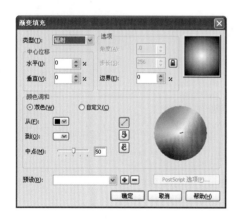

图 4-141　"渐变填充"对话框

图 4-142　最终效果

# 第 5 章

# 文本编辑

本章重点

◆ 输入文本
◆ 文本设置
◆ 导入文本
◆ 图文编排
◆ 实例演练

　　文本编辑是 CorelDRAW X5 中重要功能之一，在进行平面设计时，图形、色彩和文本是其基本三大构成，文字起到画龙点睛的作用，使读者一目了然，直接将信息传达给读者。在 CorelDRAW 中不仅仅是可以对文字进行输入和编辑，还可以对文字进行各种效果的添加。

## 5.1 输入文本

　　CorelDRAW X5 中的文本类型包括两种，一种是美术文本，另一种是段落文本。这两种类型都是文本的输入。不同的是：美术文本用于添加特殊效果的少量的主要的文字，而段落文本主要用于输入大篇幅的文字，可以对其进行编排。

### 5.1.1 美术文本

　　美术文本多用于标题或是言简意赅的有代表性文字，输入美术文字时，选择工具箱中的"文本工具" 字，在绘图页面中需要输入文字的位置单击鼠标左键，出现光标后如图 5-1 所示，此时即可输入文字，如图 5-2 所示。

图 5-1　出现输入文字光标

图 5-2　输入文字

　　在属性栏中可以设置文本属性，如图 5-3 所示。

图 5-3　文本工具属性栏

　　在"字体列表"中可以设置文本的字体。在"字体大小列表"中可以设置文本字体的大小。在属性栏按下字体效果按钮，可以使字体变为粗体、斜体或是下划线效果，如图 5-4 所示。

### 5.1.2 段落文本

　　段落文本广泛应用于成段文本添加或有格式的大篇幅文本的添加。

　　*01* 段落文本与美术文本的输入文字方法不同，选择工具箱中的"文本工具" 字，在绘图页面中需要输入段落文本的位置按住鼠标左键不放，拖动鼠标，在绘图页面拖拽一个段落文本框，如图 5-5 所示。

图 5-4　文本属性设置

　　*02* 释放鼠标之后，在文本框中出现一个闪动的光标，在文本框中输入文本，如图 5-6 所示。

　　*03* 输入文字很多超出文本框时，超出的范围的文字自动被隐藏，此时文本框下方中间的控制点变为 ▼ 时，将鼠标放置其上，光标变为 ↕，按住鼠标左键向下拖动，文字即会出现，如图 5-7 所示。

图 5-5　绘制段落文本框　　　　　　　　图 5-6　输入文字　　　　　　图 5-7　显示所有文字

### 5.1.3 文本类型的转换

*01* 执行"文件"|"导入"命令，导入一张素材，如图 5-8 所示。

*02* 选择工具箱中的"文本工具" 字，输入文字，如图 5-9 所示。

*03* 执行"文本"|"转换为段落文本"命令，快捷键为 Ctrl+F8，如图 5-10 所示。

*04* 按下快捷键 Ctrl+F8，即可将段落文本转化为美术文本，如图 5-11 所示。

图 5-8　导入素材　　　　　图 5-9　输入文字　　　　　图 5-10　转化为段落文本　　　　图 5-11　转换文本

**专家提示**

当美术文本转换成段落文本后，它就不是图形对象了，也就不能进行特殊效果的操作。当段落文本转换成美术文本后，它会丢失段落文本的格式。

## 5.2 文本设置

CorelDRAW X5 有强大的文本输入、编辑和处理功能。除了进行常规的文本输入和编辑之外，还可以对文本进行较复杂的特效文本处理。

### 5.2.1 填充文本颜色

#### 1. 填充美术文本

*01* 执行"文件"|"导入"命令，导入一张素材，如图 5-12 所示。

*02* 选择工具箱中的"文本工具" 字，在绘图页面单击鼠标左键分别输入文字，如图 5-13 所示。

*03* 选择工具箱中的"选择工具" ，将"花儿"两个字选中，在属性栏字体列表中选择字体为"方正琥珀简体"，字体大小列表中设置字体大小为 48，如图 5-14 所示。

图 5-12　导入素材

图 5-13　输入文字

图 5-14　设置字体

*04* 选择工具箱中的"填充工具" ，在隐藏的工具组中选择"渐变填充"选项，在弹出的"渐变填充"对话框中，设置颜色为从红色到黄色的辐射类型渐变色，如图 5-15 所示。

*05* 单击"确定"按钮，为文字填充渐变色，效果如图 5-16 所示。

*06* 运用同样的方法将"世界"两个字设置字体和字体大小，并调整好文字的位置，如图 5-17 所示。

图 5-15　渐变填充

图 5-16　填充渐变色

图 5-17　调整文字位置

*07* 选择工具箱中的"填充工具" ，在隐藏的工具组中选择"图样填充"选项，在弹出的"图样填充"对话框类型中选择"位图"，在位图列表中选择需要的图案，如图 5-18 所示。

*08* 单击"确定"按钮，为文字填充图案，如图 5-19 所示。

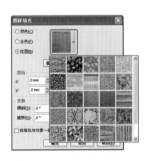

图 5-18　图样填充

图 5-19　填充图样

图 5-20　导入素材

### 2. 填充段落文本

*01* 执行"文件"|"导入"命令，导入一张素材，如图 5-20 所示。

*02* 选择工具箱中的"文本工具" **字**，按住并拖动鼠标绘制一个文本框，输入文字，如图 5-21 所示。

*03* 按下 Ctrl+A 快捷键，将全部文字选中，在属性栏中设置字体为"方正胖娃简体"、字体大小设置为 12，

如图 5-22 所示。

*04* 选中需要改变颜色的文字，单击调色板上的颜色，即可为文字填充颜色，如图 5-23 所示。

图 5-21　输入文字

图 5-22　设置字体

图 5-23　设置颜色

技巧点拨

按住 Alt 键拖拽文本框，段落文本大小随着文本框的大小改变而改变，如图 5-24 所示。

## 5.2.2　设置段落文本格式

### 1．文本对齐

选中段落文本，执行"文本"|"段落格式化"命令，在绘图页面的右边弹出"段落格式化"泊坞窗，如图 5-25 所示。展开"水平"下拉列表，选择"左"，如图 5-26 所示。

图 5-24　缩放效果

图 5-25　"段落格式"泊坞窗

图 5-26　设置段落文本

在"水平"下拉列表中，分别选择"中"、"右"、"全部调整"、"强制调整"选项，效果如图 5-27 所示。

图 5-27　段落文本水平对齐

在"垂直"下拉列表中,分别选择"上"、"中"、"下"、"全部"选项,效果如图 5-28 所示。

图 5-28 段落文本垂直对齐

### 2. 设置间距

❏ 段落格式化

*01* 选中文本对象,如图 5-29 所示。执行"文本"|"段落格式化"命令,在绘图页面右边弹出"段落格式化"泊坞窗,展开"间距"选项,如图 5-30 所示。

*02* 在"段落和行"选项"行"中设置 200,按下 Enter 键,即可调整文本间的行距,效果如图 5-31 所示。

图 5-29 选中文本          图 5-30 段落格式化          图 5-31 设置行间距

*03* 在"语言、字符和字"选项中的"字符"中设置为 100,按下 Enter 键,即可调整文本的字间距,如图 5-32 所示。

❏ 设置文本的间距

除了运用"段落格式化"泊坞窗来调整间距外,运用"形状工具" 也能完成此操作。

*04* 选中段落文本对象,如图 5-33 所示。

*05* 选择工具箱中的"形状工具" ,文本状态如图 5-34 所示。

图 5-32 设置字间距          图 5-33 选中文本          图 5-34 选择形状工具

*06* 将光标放置到文本框右下角的 ▮▶控制点上，按下鼠标左键并向右拖动鼠标，即可改变文本的字间距，效果如图 5-35 所示。

*07* 将光标放置到文本框右下角的 ≡控制点上，按下鼠标左键并向下拖动鼠标，即可改变文本的行距，效果如图 5-36 所示。

图 5-35  设置字间距　　　　　　　　　　图 5-36  设置行间距

### 3．缩进

选中段落文本，执行"文本"|"段落格式化"命令，在绘图页面的右边弹出"段落格式化"泊坞窗，展开"缩进量"选项，在"缩进量"的"首行"中设置数值为 0.9，按下 Enter 键，效果如图 5-37 所示。

图 5-37  首行缩进

- ↳  首行：段落文本首行缩进。
- ↳  左：除了首行之外的所有行进行缩进。
- ↳  右：段落文本全部靠右边缩进。

如图 5-38 所示为设置"左"的数值为 10 的缩进效果。

图 5-38  左缩进

如图 5-39 所示为设置"右"的数值为 10 的缩进效果。

图 5-39　右缩进

### 4．首字下沉

*01* 选择工具箱中的"选择工具" ，选中段落文本，如图 5-40 所示。

*02* 执行"文本"|"首字下沉"命令，弹出"首字下沉"对话框，勾选"使用首字下沉"选项，如图 5-41 所示。

图 5-40　选中文本　　　　　　　　　　　　　　　　　图 5-41　首字下沉

*03* 在"下沉行数"中设置数值为 2，在"首行下沉后的空格"中设置数值为 2.5，如图 5-42 所示。

图 5-42　首字下沉效果

*04* 勾选"首字下沉使用悬挂式缩进"复选框，单击"确定"按钮，效果如图 5-43 所示。

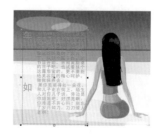

图 5-43　首字下沉使用悬挂式缩进

专家提示

单击属性栏上的"显示/隐藏首字下沉"按钮，或者按快捷键 Ctrl + Shift + D，可以将段落文本中每一段的第一个字设置为下沉效果。再次单击该按钮，可以取消首字下沉。

执行此命令时，段落文本的首字不能为空格。

## 5. 栏的设置

*01* 执行"文件"|"导入"命令，导入一张素材，如图 5-44 所示。

*02* 选择工具箱中的"文本工具"字，拖动鼠标绘制文本对话框，输入文字，如图 5-45 所示。

*03* 执行"文本"|"栏"命令，弹出"栏设置"对话框，在"栏数"中设置数值为 2，如图 5-46 所示。

图 5-44 导入素材　　　图 5-45 输入文字　　　　　图 5-46 栏数设置

*04* 在"宽度"和"栏间宽度"中设置数值，单击"确定"按钮，如图 5-47 所示。

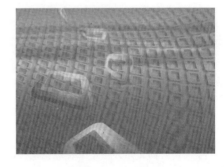

图 5-47 设置栏间宽度　　　　　　　　　　　图 5-48 导入素材

## 6. 设置项目符号

*01* 执行"文件"|"导入"命令，导入一张素材，如图 5-48 所示。

*02* 选择工具箱中的"文本工具"字，拖动鼠标绘制文本框，输入文字，如图 5-49 所示。

*03* 将光标放置到需要添加符号的位置，执行"文本"|"项目符号"命令，弹出"项目符号"对话框，如图 5-50 所示。

*04* 勾选"使用项目符号"选项，在字体下拉列表中选择需要的字体，在符号下拉列表中选择需要的符号，在大小中可以设置符号的大小，如图 5-51 所示。

*05* 单击"确定"按钮，效果如图 5-52 所示。

图 5-49　输入文字

图 5-50　项目符号设置

图 5-51　使用项目符号

*06* 按下 Enter 键，其他行也插入同样的符号，如图 5-53 所示。

*07* 若想改变其中一个符号时，将光标放置到符号前，执行"文本"|"项目符号"命令，在弹出"项目符号"的符号选项中选择其他需要的符号，如图 5-54 所示。设置好之后，单击"确定"按钮，原来的符号被替代，效果如图 5-55 所示。

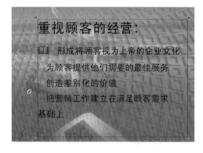

图 5-52　添加效果

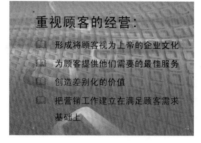

图 5-53　添加效果

图 5-54　选择项目符号

### 7. 文本链接

在 CorelDRAW X5 中，一个段落文本过长，超出文本框的容纳范围而不能显示时，可以将拆分为多个文本框连接，连接的文本框是相互联系，一起出现的。

*01* 选择工具箱中的"文本工具" 字 ，在绘图页面拖动鼠标绘制文本框，在文本框中输入文字，如图 5-56 所示。

*02* 输入的文字超出文本框容纳范围时，文本框的下面出现 ▼ 按钮，将鼠标放置到按钮上，光标变为 ↕ 时，单击鼠标左键，光标变为 ▤ 形状，如图 5-57 所示。

图 5-55　替换符号

图 5-56　输入文字

图 5-57　添加链接

*03* 在绘图页面按下并拖动鼠标绘制文本框，释放鼠标左键，文本框中隐藏的部分将自动移动到新的文本框中，调整好文本框的位置和大小，效果如图 5-58 所示。

*04* 将鼠标放置到文本框的下面的▼按钮上，继续用同样的方法绘制文本框，显示隐藏文本，如图 5-59 所示。

图 5-58 　添加链接

图 5-59 　添加链接

**专家提示**

　　创建链接时，如果背景是位图，不能直接在位图中添加链接。这是需要在背景以外的绘图页面绘制文本框，再选择工具箱中的"选择工具" ▣ ，选中绘制的文本框拖动到位图合适的位置即可。

**8.　将文本与其他图形连接的方法**

*01* 选择工具箱中的"选择工具" ▣ ，选中文本对象，将光标放置到文本框的下面的▼按钮上，光标变为 ↕ ，单击鼠标左键，变为▤形状，再将光标放置到图形上，光标变为 ➡ ，如图 5-60 所示。

*02* 单击鼠标左键，文本即会链接到图形中，如图 5-61 所示。

图 5-60 　添加链接

图 5-61 　添加链接

*03* 选择工具箱中的"选择工具" ▣ ，将原文本框选中，按下 Delete 键，将其删除，选中图形，图形下面会出现▼按钮，如图 5-62 所示。

*04* 将光标放置到控制点上，光标变为 ↗ 时，按下鼠标左键并拖动，如图 5-63 所示。调整图形大小和位置，隐藏文本随之显示，效果如图 5-64 所示。

图 5-62　删除文本框

图 5-63　放大图形

图 5-64　文本效果

### 9. 内置文本

*01* 选择工具箱中的"文本工具" 字，在绘图页面输入段落文本，如图 5-65 所示。

*02* 选择工具箱中的"星形工具" ，在绘图页面图动鼠标绘制星形，填充颜色并设置轮廓线，调整好角度，效果如图 5-66 所示。

图 5-65　输入文字

图 5-66　绘制星形

图 5-67　移动文本框

*03* 选择工具箱中的"选择工具" ，选中段落文本，单击鼠标右键并拖动鼠标，将段落文本拖动到星形上，光标变为十字圆环形状，如图 5-67 所示。释放鼠标右键，弹出快捷菜单，选择"内置文本"选项，如图 5-68 所示。

*04* 段落文本被放置到星形内，如图 5-69 所示。

*05* 执行"文本"|"段落文本框"|"使文本适合框架"命令，文本会与图形进行调配，如图 5-70 所示。

图 5-68　内置文本

图 5-69　文本框效果

图 5-70　文本适合框架

## 5.2.3 设置美术文本格式

### 1. 文字位移

*01* 选择工具箱中的"文本工具" 字，在绘图页面单击鼠标左键，输入文字，按下 Ctrl+A 快捷键，将文字选中，如图 5-71 所示。

*02* 执行"文本"|"字符格式化"命令，在绘图页面右侧弹出"字符格式化"泊坞窗，在泊坞窗中展开"字符位移"选项，如图 5-72 所示。

*03* 在角度、水平位移和垂直位移中设置数值，按下 Enter 键，调整好位置，效果如图 5-73 所示。

图 5-71　输入文字　　　　图 5-72　字符格式化　　　　图 5-73　字符格式化效果

- ➥　角度：对文字的角度进行旋转。
- ➥　水平位移：设置文字在水平方向的移动距离。
- ➥　垂直位移：设置文字在垂直方向的移动距离。

### 2. 运用形状工具移动文字

*01* 将文字选中，选择工具箱中的"形状工具" ⬚，文字下方会出现节点，如图 5-74 所示。

*02* 单击文字下面的节点，有空心点变为实心点，按住鼠标左键并拖动鼠标，如图 5-75 所示。

图 5-74　形状工具　　　　　　　　　图 5-75　拖动文字

*03* 到合适的位置释放鼠标左键，即可改变文字的位置，如图 5-76 所示。

*04* 运用同样的操作方法，调整文字的位置，效果如图 5-77 所示。

图 5-76　改变文字位置　　　　　　　　　　　　　　　　　　图 5-77　最终效果

### 3．复制文本属性

*01* 选择工具箱中的"文本工具" ，在绘图页面单击鼠标左键，输入文字，如图 5-78 所示。

*02* 选择工具箱中的"选择工具" ，将"周末了，"选中，选择工具箱中的"填充工具" ，在隐藏的工具组中选择"渐变填充"选项，在弹出的"渐变填充"对话框中选中"自定义"单选按钮，设置起始位置的颜色为红色（C0、M100、Y100、K0），55%位置的颜色为黄色（C0、M0、Y100、K0），终点位置的颜色为红色，在"选项"中设置角度为 25，如图 5-79 所示。

*03* 设置好颜色，单击"确定"按钮，效果如图 5-80 所示。

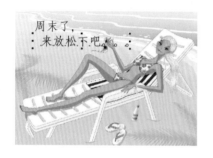

图 5-78　输入文字　　　　　　　　　图 5-79　渐变填充　　　　　　　　　图 5-80　渐变效果

*04* 在属性栏"字体列表"中选择"方正彩云简体"，如图 5-81 所示。

*05* 选择工具箱中的"轮廓笔工具" ，在隐藏的工具组中选择"轮廓笔"选项，在弹出的"轮廓笔"对话框中设置宽度为 0.2mm，颜色为黑色，如图 5-82 所示。

*06* 单击"确定"按钮，为文字添加轮廓线，效果如图 5-83 所示。

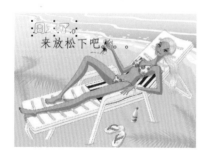

图 5-81　设置字体　　　　　　　　　图 5-82　轮廓笔设置　　　　　　　　图 5-83　轮廓线效果

*07* 选择工具箱中的"选择工具" ，选中"周末了，"文字，单击鼠标右键并拖动鼠标到"来放松下吧。。。"

文字上，光标变为  形状，如图 5-84 所示。释放鼠标右键，弹出快捷菜单，选择"复制所有属性"选项，如图 5-85 所示。

*08* 此时"周末了，"的文字属性被"来放松下吧。。。"文字复制，效果如图 5-86 所示。

图 5-84　拖动文字

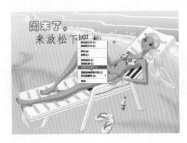

图 5-85　复制文字属性

图 5-86　文字效果

### 4．字符效果

选择工具箱中的"文本工具" 字 ，在绘图页面输入文字，执行"文本"|"字符格式化"命令，在绘图页面右侧弹出"字符格式化"泊坞窗，在泊坞窗中展开"字符效果"选项，如图 5-87 所示。

在"下划线"下拉列表中选择下划线样式，如图 5-88 所示。

选择"编辑"选项，弹出"编辑下划线样式"对话框，如图 5-89 所示。

图 5-87　字符格式化

图 5-88　下划线

图 5-89　编辑下划线

在"下划线样式"下拉列表中，选择不同的选项，显示不同的效果，如图 5-90 所示。

在"字符格式"泊坞窗中，展开"字符效果"选项，在"删除线"下拉列表中选择不同选项，制作不同删除线效果，如图 5-91 所示。

在"字符格式"泊坞窗中，展开"字符效果"选项，在"上划线"下拉列表中选择不同选项，制作不同上划线效果，如图 5-92 所示。

图 5-90　下划线样式

图 5-91　删除线

图 5-92　上划线

在"字符格式"泊坞窗中，展开"字符效果"选项，在"大写"下拉列表中选择不同选项，制作不同字体大小效果，如图 5-93 所示。

选择工具箱中的"文本工具" 字，在绘图页面输入文字，按下 Ctrl+K 快捷键，将其打散，分别选中 2 和 3，在"字符格式"泊坞窗中，展开"字符效果"选项，在"位置"下拉列表中选择不同选项，制作不同位置效果，如图 5-94 所示。

图 5-93　大写效果

图 5-94　位置效果

# 5.3　导入文本

在 CorelDRAW X5 中导入现成文本时，可以导入 Word 或是写字板等格式中的文本。可以运用菜单命令导入，也可以用粘贴板导入。

## 5.3.1　菜单命令导入

*01* 执行"文件"|"导入"命令，或按下 Ctrl+I 快捷键，弹出"导入"对话框，选择需要的 Word 文本文件，如图 5-95 所示。

*02* 单击"导入"按钮，弹出"导入/粘贴文本"对话框，在此对话框中选择需要的导入方式，如图 5-96 所示。

*03* 单击"确定"按钮，在绘图页面出现标题光标，如图 5-97 所示。

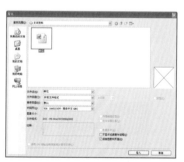

图 5-95　导入对话框

图 5-96　导入/粘贴文本

图 5-97　标题光标

*04* 拖动鼠标绘制文本框，如图 5-98 所示。

*05* 调整文本框大小，将隐藏的文本显示出来，如图 5-99 所示。

图 5-98　绘制文本框

图 5-99　调整文本框大小

**粘贴板导入**

**1．美术文本的导入**

在 Word 文档中选中需要的文本，按下 **Ctrl+C** 快捷键，复制文本。

在 CorelDRAW X5 的工具箱中选择"文本工具" 字 ，在绘图页面需要插入文字的位置单击鼠标左键，光标变为闪动光标 | 时，按下 **Ctrl+V** 快捷键，将文本粘贴到光标位置，完成美术文本的导入。

**2．段落文本的导入**

在 Word 文档中选中需要的文本，按下 **Ctrl+C** 快捷键，复制文本。

在 CorelDRAW X5 的工具箱中选择"文本工具" 字 ，在绘图页面拖拽鼠标绘制一个文本框，按下 **Ctrl+V** 快捷键，将文本粘贴到绘制的文本框中，完成段落文本的导入。

## 5.4 图文编排

无论是平面设计还是排版设计，都会运用到图形图像与文本间的编排，在 CorelDRAW 中，图文编排常用的两种方法：文本沿路径排列和文本环绕图形排列。

### 5.4.1 文本沿路径排列

*01* 执行"文件" | "导入"命令，导入一张素材，如图 5-100 所示。

*02* 选择工具箱中的"贝赛尔工具" ，在绘图页面绘制曲线，如图 5-101 所示。

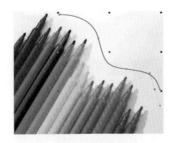

图 5-100　导入素材　　　　　图 5-101　绘制曲线　　　　　图 5-102　光标变化

*03* 选择工具箱中的"文本工具" 字 ，将光标放置到曲线边缘，当光标变为 时，如图 5-102 所示，单击鼠标左键，输入文字，文字将会沿曲线排列，效果如图 5-103 所示。

*04* 选择工具箱中的"选择工具" ，选中曲线，执行"排列"|"拆分在一路径上的文本"命令，将曲线与文字分离，选中曲线，按下 Delete 键，将其删除，文字仍保持原状态，如图 5-104 所示。

*05* 选中文字，在属性栏中设置字体为"方正剪纸简体"，字体大小设置为 18，如图 5-105 所示。

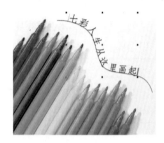

图 5-103 输入文字　　　　　图 5-104 拆分路径和文本　　　　　图 5-105 设置文字

*06* 选择工具箱中的"填充工具" ，在隐藏的工具组中选择"渐变填充"选项，在弹出的"渐变填充"对话框中设置颜色，如图 5-106 所示。

*07* 设置好之后，单击"确定"按钮，为文字添加渐变色，效果如图 5-107 所示。

图 5-106 渐变填充　　　　　　　　　图 5-107 渐变效果

## 5.4.2 文本环绕图形排列

*01* 执行"文件"|"导入"命令，导入一张素材，如图 5-108 所示。

*02* 选择工具箱中的"文本工具" ，在绘图页面拖动鼠标绘制文本框，输入文字，选中文字，在属性栏中设置字体和大小，如图 5-109 所示。

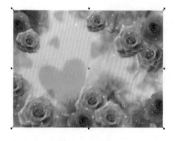
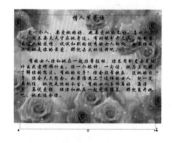
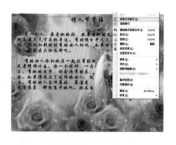

图 5-108 导入素材　　　　　图 5-109 输入文字　　　　　图 5-110 导入素材

*03* 执行"文件"|"导入"命令，导入一张素材，选择工具箱中的"选择工具" ，在图像上单击鼠标右键，弹出快捷菜单，选择"段落文本换行"选项，如图 5-110 所示。效果如图 5-111 所示。

*04* 在属性栏中单击"文本换行"按钮 ，弹出下拉列表，如图 5-112 所示。

*05* 在列表中选择"文本从左向右排列"选项，效果如图 5-113 所示。

图 5-111　段落文本换行　　　　　　图 5-112　换行样式　　　　　　图 5-113　从左向右

*06* 在列表中选择"文本从右向左排列"选项，效果如图 5-114 所示。

*07* 在列表中选择"上/下"选项，效果如图 5-115 所示。

图 5-114　从右向左　　　　　　　　　　　　　图 5-115　上/下

## 5.5 实例演练

本实例绘制的是一款奶茶店的点单，主要运用矩形工具、美术文本、段落文本、填充工具、导入命令和排列命令来完成，效果如图 5-116 所示。

*01* 启动 CorelDRAW X5，执行"文件"|"新建"命令，新建一个默认为 A4 大小的空白文档。在属性栏中单击"横向"按钮 ，改变纸张方向。

*02* 选择工具箱中的"矩形工具" ，在绘图页面拖动鼠标绘制两个矩形，与页面大小相等，如图 5-117 所示。

*03* 选择工具箱中的"选择工具" ，选中其中一个矩形。选择工具箱中的"填充工具" ，在隐藏的工具组中选择"均匀填充"选项，在弹出的"均匀填充"对话框中设置颜色为黄色（C0、M25、Y91、K0），如图 5-118 所示。

图 5-116　奶茶店点单

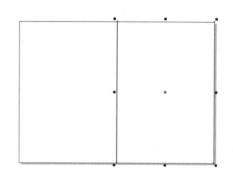

图 5-117　绘制矩形

*04* 单击"确定"按钮，为矩形填充颜色，如图 5-119 所示。

图 5-118　均匀填充

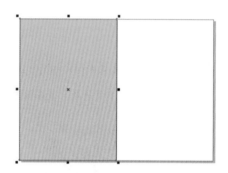

图 5-119　填充颜色

*05* 选中另一个矩形，选择工具箱中的"填充工具" ，在隐藏的工具组中选择"渐变填充"选项，弹出的"渐变填充"对话框，选中"自定义"单选按钮，设置起始的颜色为淡紫色（C20、M20、Y0、K0），40%位置的颜色为灰紫色（C40、M40、Y0、K20），65%位置的颜色为深紫色（C60、M60、Y0、K0），88%位置的颜色为灰紫色，终点位置的颜色为淡紫色。在"角度"中设置为-35 的线性渐变，如图 5-120 所示。

*06* 单击"确定"按钮，为矩形填充渐变色，如图 5-121 所示。

图 5-120　渐变填充

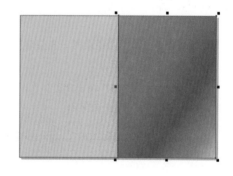

图 5-121　填充渐变色

*07* 选择工具箱中的"文本工具" 字，在绘制的图形中单击鼠标左键，出现闪动的光标 时，输入文字，如图 5-122 所示。

*08* 按下 Ctrl+A 快捷键，将输入文字选中，在属性栏中设置文字的字体为"方正胖娃简体"，大小为 36，

如图 5-123 所示。

*09* 选择工具箱中的"选择工具" 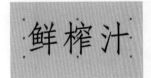，单击调色板上的枚红色色块，为文字填充颜色，如图 5-124 所示。

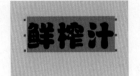

图 5-122　输入文字　　　　　图 5-123　设置字体　　　　　图 5-124　填充颜色

*10* 按下 Ctrl+K 快捷键，将文字打散，如图 5-125 所示。

*11* 分别对文字的位置进行调整，如图 5-126 所示。

*12* 将文字全部选中，按下 Ctrl+G 快捷键，将文字群组，选择工具箱中的"轮廓笔工具"，在隐藏的工具组中选择"轮廓笔"选项，在弹出的"轮廓笔"对话框中，设置宽度为 1.0mm，颜色设置为白色，勾选"后台填充"，如图 5-127 所示。

*13* 单击"确定"按钮，为文字添加轮廓线，效果如图 5-128 所示。

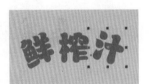

图 5-125　打散文字　　　　图 5-126　调整文字位置　　　　图 5-127　轮廓笔设置　　　　图 5-128　天际轮廓效果

*14* 运用同样的操作方法输入其他文字，效果如图 5-129 所示。

*15* 选择工具箱中的"文本工具"，在绘制的图形中按下并拖动鼠标，绘制文本框，输入文字，在属性栏设置字体为"黑体"，字体大小为 14，效果如图 5-130 所示。

图 5-129　输入文字　　　　　　　　　　　　图 5-130　输入段落文本

*16* 运用同样的操作方法输入其他文字，如图 5-131 所示。

*17* 执行"文件"|"导入"命令，导入素材，放置到合适的位置，如图 5-132 所示。

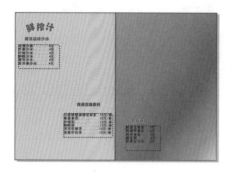

图 5-131　输入文字

图 5-132　导入素材

*18* 选择工具箱中的"矩形工具" ▢，在绘图页面拖动鼠标绘制矩形，并填充颜色为黄色（C0、M20、Y100、K0），鼠标右键单击调色板上的 ⊠ 按钮，去掉轮廓线，如图 5-133 所示。

*19* 执行"排列"|"顺序"|"置于此对象后"命令，当光标变为 ➡，将光标放置到需要的图片上，如图 5-134 所示。

图 5-133　绘制矩形

图 5-134　调整图层顺序

*20* 单击鼠标左键，将矩形放置到图片后面，效果如图 5-135 所示。

*21* 运用同样的操作方法，调整图层顺序，如图 5-136 所示。

图 5-135　调整图层顺序

图 5-136　调整图层顺序

# 第 6 章

# 位图编辑

**本章重点**

◆ 导入位图　　◆ 编辑位图色彩模式

◆ 调整位图颜色　◆ 变换位图颜色

◆ 校正位图效果　◆ 位图颜色遮罩

◆ 实例演练

　　CorelDRAW 是一款功能强大的图形图像软件，它不但可以完成矢量图的绘制和图文混排，而且还具有强大的位图处理功能。在 CorelDRAW X5 中，可以通过导入的方式插入位图图像，并且可以使用系统提供的命令对其进行色彩调整、模式转换，甚至制作滤镜特效等，本章将对上述这些功能进行详细的介绍。

## 6.1 导入位图

在 CorelDRAW 中使用位图，必须先将位图导入到文件中。使用 CorelDRAW X5 提供的导入命令可以轻松地完成位图的导入。通过对导入位图、链接位图、裁剪位图和重新取样位图 4 种不同的导入方法，可以对位图进行不同效果的编辑。

### 6.1.1 导入位图

在 CorelDRAW X5 中若想编辑位图，必须先打开位图，才能进行编辑。导入位图可以执行导入命令直接完成位图的导入。

执行"文件"|"导入"命令，或是按下 Ctrl+I 快捷键，弹出"导入"对话框，选择需要的位图，如图 6-1 所示。

- ↘ **外部链接位图**：此选项可以将外部的位图链接。
- ↘ **合并多层位图**：选择此选项，可以自动合并位图中的图层。
- ↘ **检查水印**：此选项可以检查水印的图像及其包含的信息。
- ↘ **不显示过滤器对话框**：不用打开对话框即可使用过滤器的默认设置。
- ↘ **保持图层和页面**：将导入的文件保留图层和页面，若不选择此选项，导入的文件所有图层都会合并到一个图层来显示。

单击"导入"按钮，绘图页面的光标变为如图 6-2 所示的形状，在绘图页面拖动鼠标拖拽一个红色虚线框，如图 6-3 所示，图片即会以虚线框的大小导入到绘图页面，如图 6-4 所示。

图 6-1 "导入"对话框

GT188_L.jpg
w: 169.333 mm, h: 225.778 mm
单击并拖动以便重新设置尺寸。
按 Enter 可以居中。
按空格键以使用原始位置。

图 6-2 光标显示

GT188_L.jpg
w: 91.145 mm, h: 121.527 mm

图 6-3 虚线框

---

⭐ **专家提示**

选择需要的文件之后，在预览窗口可以预览选择的图片效果。将光标放置到图片文件名上停留片刻，此时光标下方会显示出该图片的尺寸、类型和大小等信息。

---

### 6.1.2 链接位图

链接位图和导入位图有本质的区别，导入的位图可以在 CorelDRAW 中进行修改，如调整图像的色调和添加特殊效果等，但是链接的位图不能进行修改，它与创建文件的原软件密切联系，若要进行调整必须在原软件中进行。

执行"文件" | "导入"命令，在弹出"导入"对话框，中选择需要的位图，勾选"外部链接位图"选项，单击"导入"按钮，将选中的位图导入到绘图页面，如图 6-5 所示。

图 6-4　导入素材

图 6-5　链接位图

## 6.1.3　裁剪位图

*01*　执行"文件" | "导入"命令，弹出"导入"对话框，选择需要的图像，在对话框中的 全图像 ▾ 下拉列表中选择"裁剪"选项，如图 6-6 所示。

*02*　单击"导入"按钮，弹出"裁剪图像"对话框，在此对话框中裁剪图像，如图 6-7 所示。

*03*　单击"确定"按钮，光标变为如图 6-8 所示形状，在绘图页面需要导入位图的位置，单击鼠标左键，将图像导入进来，如图 6-9 所示。

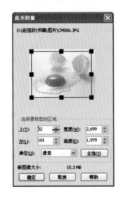

CM006.JPG
w: 195.87 mm, h: 143.619 mm
单击并拖动以便重新设置尺寸。
按 Enter 可以居中。
按空格键以使用原始位置。

图 6-6　"导入"对话框

图 6-7　裁剪图像

图 6-8　光标显示

*04*　选择工具箱中的"形状工具"，对图像进行调整，如图 6-10 所示。

*05*　在属性栏中单击"转化为曲线"按钮，将直线转化为曲线，拖拽节点，裁切位图，效果如图 6-11 所示。

专家提示

　在使用形状工具剪裁位图图像时，按下 Ctrl 键可是鼠标在水平或垂直方向移动。使用形状工具剪裁位图与控制曲线的方法相同，可以讲位图边缘转换为曲线或直线。根据需要将位图调整为各种所需形状，如果位图是群组后的图像，则形状工具将不能裁剪。

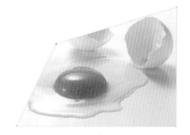

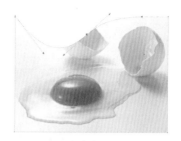

图 6-9 导入素材　　　　　　　图 6-10 调整形状　　　　　　　图 6-11 调整形状

## 6.1.4 重新取样位图

重新取样可以让图像在放大或是缩小的情况下，使像素的数量保持不变。

*01* 执行"文件"|"导入"命令，或是按下 Ctrl+I 快捷键，弹出"导入"对话框，在对话框中的 <u>全图像</u> ▼
下拉列表中选择"重新取样"选项，如图 6-12 所示。

*02* 单击"导入"按钮，弹出"重新取样图像"对话框，在此对话框中设置数值，如图 6-13 所示。

*03* 单击"确定"按钮，将图像导入到绘图页面，如图 6-14 所示。

图 6-12 "导入"对话框　　　　　图 6-13 重新取样图像　　　　　图 6-14 导入素材

---

**专家提示**

用固定分辨率重新取样可以在改变图像大小时用增加或减少像素的方法保持图像分辨率。

用变量分辨率重新取样可以将像素在图像大小变化时保持不变，产生低于或高于原图像的分辨率。

---

## 6.2 编辑位图色彩模式

在 CorelDRAW 中，也可以像一般位图处理软件一样对位图进行色彩校正。执行菜单栏中的"位图"|"模式"
命令，在弹出的子菜单中提供了多种模式命令，可以调整位图的色彩。

## 6.2.1 黑白模式

*01* 执行"文件"|"导入"命令，导入一张素材，如图 6-15 所示。

*02* 选择工具箱中的"选择工具" ▣，选中导入的图像，执行"位图"|"模式"|"黑白"命令，弹出"转

换为 1 位"的对话框，如图 6-16 所示。

*03* 在显示框的图像上单击鼠标左键可以放大显示图像，单击鼠标右键缩小显示图像。

图 6-15　导入素材　　　　　　　　图 6-16　黑白模式　　　　　　　　图 6-17　样条线效果

> ↘　转换方法：下拉列表中提供的黑白效果各不相同。
> ↘　屏幕类型：下拉列表中提供了不同的屏幕类型。

*04* 在"转换为 1 位"对话框的"转换方法"下拉列表中选择"线条图"选项，如图 6-17 所示。

*05* 在"转换为 1 位"对话框的"转换方法"下拉列表中选择"Jarvis"选项，"强度"为 50，如图 6-18 所示。

*06* 在"转换为 1 位"对话框的"转换方法"下拉列表中选择"顺序"选项，"强度"为 60，如图 6-19 所示，单击"确定"按钮，效果如图 6-20 所示。

图 6-18　Jarvis 效果　　　　　　图 6-19　顺序效果　　　　　　图 6-20　顺序效果

⭐ 专家提示

　　位图的黑白模式与灰度模式不同应用黑白模式之后，图像只显示黑白色，此模式可以清楚的显示位图的线条和轮廓图，适用于艺术线条或是简单的图形。

## 6.2.2　灰度模式

*01* 执行"文件"|"导入"命令，导入一张素材，如图 6-21 所示。

*02* 执行"位图"|"模式"|"灰度"命令，效果如图 6-22 所示。

图 6-21 导入素材

图 6-22 灰度模式

图 6-23 导入素材

### 6.2.3 双色模式

*01* 执行"文件"|"导入"命令,导入一张素材,如图 6-23 所示。

*02* 执行"位图"|"模式"|"双色"命令,弹出"双色调"对话框,如图 6-24 所示。

*03* 在"类型"下拉列表中选择"双色调"选项,单击"确定"按钮,效果如图 6-25 所示。

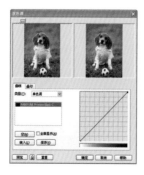

图 6-24 "双色调"对话框

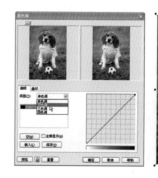

图 6-25 双色效果

*04* 在"类型"下拉列表中选择"双色调"选项,在双色调的黄色色标上双击,弹出"选择颜色"对话框,如图 6-26 所示。在"选择颜色"对话框中选择要替换的颜色,单击"确定"按钮,如图 6-27 所示。

*05* 设置完成之后,单击"确定"按钮,效果如图 6-28 所示。

图 6-26 选择颜色

图 6-27 选择颜色

图 6-28 双色模式

## 6.2.4 调色板模式

调色板模式最多能够使用 256 种颜色来显示和保存图像。位图转换为调色板模式之后,可以减小文件的大小。

01 执行 "文件" | "导入" 命令, 导入一张素材, 如图 6-29 所示。

02 执行 "位图" | "模式" | "调色板" 命令, 弹出 "转换至调色板色" 对话框, 如图 6-30 所示。

图 6-29  导入素材

图 6-30  转换至调色板色

### 1. "选项" 标签

"选项" 标签中主要选项含义如下:

- 调色板: 下拉列表中可以选择调色板类型。
- 递色处理的: 下来列表中可以选择图像抖动的方式。
- 颜色: 可以设置位图颜色的数量。

### 2. "范围的灵敏度" 标签

在 "范围的灵敏度" 标签中, 可以设置转换颜色过程中某种颜色的灵敏程度, 如图 6-31 所示。

- 重要性滑块: 设置选择颜色的灵敏程度范围。
- 亮度滑块: 设置颜色的亮度。

### 3. "已处理的调色板" 标签

单击 "已处理的调色板" 标签, 即可看到当前调色板中包含的所有颜色, 如图 6-32 所示。

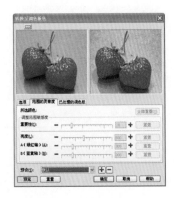

图 6-31  范围的灵敏度

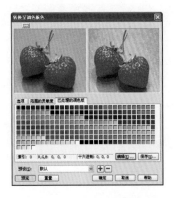

图 6-32  已处理的调色板

　　系统提供了不同的调色板类型，可以根据位图中的颜色来创建自定义调色板。若要精确的控制调色板所包含色颜色，可以在转换时指定使用的颜色数量和灵敏度范围。

## 6.2.5 RGB 模式

　　RGB 模式是适用最广泛的颜色模式。R、G、B 分别代表红色、绿色和蓝色。RGB 模式是一种加色模式，它通过红、绿、蓝 3 种色光叠加形成其他颜色，即为真彩色，当 R、G、B 值都为 255 时，显示的颜色为白色；当 R、G、B 值都为 0 时，显示为黑色。

　　执行"位图"|"模式"|"RGB 颜色"命令，即可将位图转换为 RGB 颜色模式。

## 6.2.6 Lab 模式

　　Lab 色彩模式与设备无关，不管是使用什么设备创建或是输出图像，在此模式下都能产生一致的颜色，因此 Lab 模式是国际色彩标准模式。

　　Lab 模式是在不同颜色模式间转换时使用的中间模式，是色彩之间转换的桥梁。Lab 颜色弥补了 RGB 模式和 CMYK 模式的不足，在图像处理中只提高图像亮度，不改变颜色时，就可以运用 Lab 模式，只改变 L 亮度值。

　　执行"位图"|"模式"|"Lab 模式"命令，即可将位图转换为 Lab 颜色模式。

## 6.2.7 CMYK 模式

　　CMYK 模式是一种减色模式，C、M、Y、K 分别代表青色、洋红色、黄色、黑色。当 C、M、Y、K 值都为 100 时，颜色为黑色；当 C、M、Y、K 值都为 0 的时候，颜色为白色。

　　CMYK 模式主要用于印刷，也叫做印刷色。纸张上的颜色是由油墨而产生，不同的油墨可以产生不同颜色效果，油墨通过吸收（减去）一些色光，把其他光反射到眼睛里而产生颜色的不同效果。C、M、Y 分别是红、绿、蓝的互补色。3 种颜色混合不能得到黑色，只能为暗棕色，所以另外引入了黑色。在 CorelDRAW 默认状态下使用的是 CMYK 模式。

　　执行"位图"|"模式"|"CMYK 模式"命令，弹出"将位图转换为 CMYK 格式"的对话框，单击"确定"按钮，即可将位图转换为 CMYK 模式。

# 6.3 调整位图颜色

　　在 CorelDRAW 中，"位图"下拉列表中提供了多种调整位图的色彩模式，包括图像的高反差、局部平衡、颜色平衡、色度/饱和度/亮度等，从而修复或调整图像中由于曝光过度或感光不足而产生的瑕疵，提高图像的质量。

## 6.3.1 自动调整位图

　　执行"位图"|"自动调整"命令，即可根据图像的最暗部分和最亮部分来进行自动调整对比度和颜色，如图 6-33 所示。

图 6-33　自动调整　　　　　　　　　　　　　　图 6-34　导入素材

　　"自动调整位图"是最简单的调整命令，若是觉得效果不是想要的，那么可以采用其他高级的调整工具进行调整。

## 6.3.2 图像调整实验室

　　*01* 执行"文件"|"导入"命令，导入一张素材，选择工具箱中的"选择工具"⬚，选中素材，如图 6-34 所示。

　　*02* 执行"位图"|"图像调整实验室"命令，弹出"图像调整实验室"对话框，可以在此设置数值改变颜色，达到需要的效果，如图 6-35 所示，

　　*03* 设置好之后单击"确定"按钮，效果如图 6-36 所示。

图 6-35　图像调整实验室　　　　　　　　　　图 6-36　图像调整实验室效果

## 6.3.3 高反差

　　"高反差"命令用于调整位图输出颜色的浓度，可以对位图图像从阴影到高光区重新分布颜色，调整图像的高光和暗部区域，调整图像的明暗程度，局部调整图像的中间色调区域。

*01* 执行"文件"|"导入"命令，导入一张素材，执行"效果"|"调整"|"高反差"命令，弹出"高反差"对话框，如图 6-37 所示。单击左上角的"显示预览窗口"按钮 □，如图 6-38 所示。

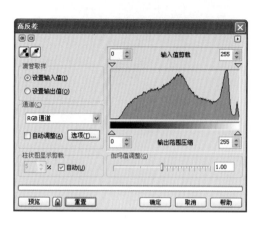

图 6-37 "高反差"对话框

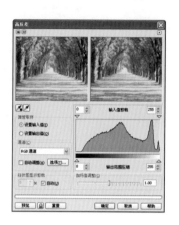

图 6-38 显示预览

*02* 在"高反差"对话框中单击黑色吸管工具 ，在图像中颜色最重的地方，运用滴管工具单击，设置好单击"确定"按钮，效果如图 6-39 所示。

*03* 在"高反差"对话框中单击白色吸管工具 ，在图像种颜色最浅的地方，运用滴管工具单击，设置好单击"确定"按钮，效果如图 6-40 所示。

图 6-39 黑色吸管效果

图 6-40 白色吸管效果

⭐ **专家提示**

在使用吸管工具吸取颜色时，如果找准了图像中最深色和最浅色，图像的色调就可以改变，如果找不准，效果可能不太明显。

## 6.3.4 局部平衡

"局部平衡"命令可以用来改变图像中边缘附近的对比度，调整图像暗部和亮部细节，使图像产生高亮度的对比。

*01* 执行"文件"|"导入"命令，导入一张素材，执行"效果"|"调整"|"局部平衡"命令，弹出"局部平衡"对话框，如图 6-41 所示。单击左上角的"显示预览窗口"按钮 □，如图 6-42 所示。

图 6-41　局部平衡

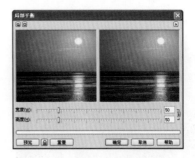

图 6-42　显示预览

*02* 单击"宽度"和"高度"滑板右边的锁定按钮，将"宽度"和"高度"值锁定，可以对两个数值分别进行调整，单击"预览"按钮可以查看效果，设置好之后单击"确定"按钮，执行"局部平衡"命令前后效果对比，如图 6-43 所示。

图 6-43　局部平衡效果

## 6.3.5　取样/目标平衡

"取样/目标平衡"命令用于在图像中取样，用指定颜色来替换采集的色样，改变图像颜色。

*01* 执行"文件"|"导入"命令，导入一张素材，执行"效果"|"调整"|"取样/目标平衡"命令，弹出"取样/目标平衡"对话框，如图 6- 44 所示。

*02* 选择"取样/目标平衡"对话框中的黑色吸管工具，在图像颜色最深处单击鼠标左键；选择中间色调吸管工具，在图像的中间色调处单击鼠标左键；选择白色吸管工具，在图像颜色最浅处单击鼠标左键，单击"预览"按钮，如图 6- 45 所示。

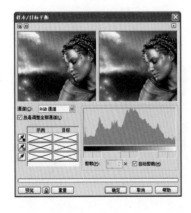

图 6- 44　取样/目标平衡

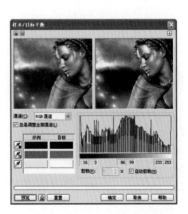

图 6- 45　设置颜色

*03* 设置好之后，单击"确定"按钮，执行"取样/目标平衡"命令前后效果对比，如图 6-46 所示。

图 6-46　取样/目标平衡效果

### 6.3.6 调合曲线

　　"调合曲线"命令应用于改变图像中的单个像素值，例如：阴影、中间色调和高光，精确地修改图像的颜色。

*01* 执行"文件"|"导入"命令，导入一张素材，执行"效果"|"调整"|"调合曲线"命令，弹出"调合曲线"对话框，如图 6-47 所示。

*02* 用上述方法展开预览窗口，在"调合曲线"对话框中的"活动通道"下拉列表选择一种通道"兰"，在曲线编辑窗口中的曲线上单击鼠标左键，即可添加一个节点，移动此节点，调整曲线形状，单击"预览"按钮，如图 6-48 所示。

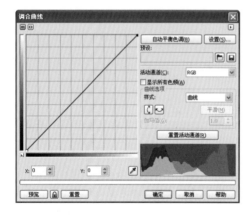 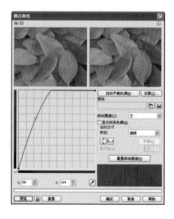

图 6-47　调合曲线　　　　　　　　　　　　　　　图 6-48　显示预览

*03* 设置好之后，单击"确定"按钮，执行"调合曲线"命令前后效果对比，如图 6-49 所示。

图 6-49　调合曲线效果

**专家提示**

默认情况下，曲线上的控制点向上移动可以使图像变亮，向下则会变暗。S形曲线可以使图像中原来亮的部位越亮，暗的部位越暗，便于提高图像的对比度。

## 6.3.7 亮度/对比度/强度

"亮度/对比度/强度"命令，可以调整图像中的色频通道，更改色谱中的颜色位置。亮度指图像的明暗程度；对比度指图像的明暗反差；强度指图像色彩的明暗程度。

*01* 执行"文件"|"导入"命令，导入一张素材，执行"效果"|"调整"|"亮度/对比度/强度"命令，弹出"亮度/对比度/强度"对话框，展开预览窗口，如图 6-50 所示。

*02* 在"亮度"、"对比度"、"强度"滑板中设置数值，单击"预览"按钮，如图 6-51 所示。

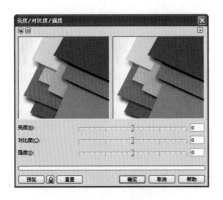

图 6-50　亮度/对比度/强度

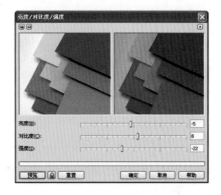

图 6-51　显示预览

*03* 设置好之后，单击"确定"按钮，执行"亮度/对比度/强度"命令前后效果对比，如图 6-52 所示。

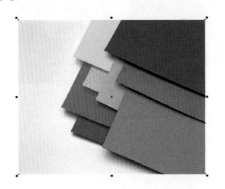

图 6-52　亮度/对比度/强度效果

## 6.3.8 颜色平衡

"颜色平衡"命令用于将图像中的颜色改变百分比，从而使颜色产生变化。

*01* 执行"文件"|"导入"命令，导入一张素材，执行"效果"|"调整"|"颜色平衡"命令，弹出"颜色平衡"对话框，展开预览窗口，设置数值，单击"预览"按钮，如图 6-53 所示。

*02* 设置好之后，单击"确定"按钮，执行"颜色平衡"命令前后效果对比，如图 6-54 所示。

图 6-53　颜色平衡　　　　　　　　　　　　　　　　图 6-54　颜色平衡效果

## 6.3.9 伽玛值

"伽玛值"命令可以在保持阴影和高光基本不变的情况下，调整图像的细节。

*01* 执行"文件"|"导入"命令，导入一张素材，执行"效果"|"调整"|"伽玛值"命令，弹出"伽玛值"对话框，调整伽玛值的数值，数值越大，中间色调越浅，反之中间色调越深，展开预览框口，如图 6-55 所示。

*02* 设置好之后单击"确定"按钮，执行"伽玛值"命令前后效果对比，如图 6-56 所示。

图 6-55　伽玛值　　　　　　　　　　　　　　　　图 6-56　伽玛值效果

## 6.3.10 色度/饱和度/亮度

"色度/饱和度/亮度"命令可以更改图像的颜色。色度即色相；饱和度即纯度；亮度指的是图像的明暗程度。

*01* 执行"文件"|"导入"命令，导入一张素材，执行"效果"|"调整"|"色度/饱和度/亮度"命令，弹出"色度/饱和度/亮度"对话框，在"色频通道"中选择一种通道，在滑块上拖动进行数值设置，如图 6-57 所示。

*02* 设置好之后单击"确定"按钮，执行"色度/饱和度/亮度"命令前后效果对比，如图 6-58 所示。

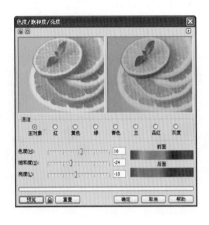

图 6-57　色度/饱和度/亮度

图 6-58　色度/饱和度/亮度效果

## 6.3.11　所选颜色

"所选颜色"命令，是通过调整印刷色来改变位图颜色的。

*01* 执行"文件"|"导入"命令，导入一张素材，执行"效果"|"调整"|"所选颜色"命令，弹出"所选颜色"对话框，在"调整"选项中设置颜色，单击"预览"按钮，如图 6-59 所示。

*02* 设置好之后单击"确定"按钮，执行"所选颜色"命令前后效果对比，如图 6-60 所示。

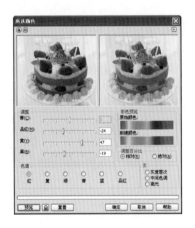

图 6-59　所选颜色

图 6-60　所选颜色效果

## 6.3.12　替换颜色

"替换颜色"命令可以设置新的颜色替换图像中所选择的颜色。

*01* 执行"文件"|"导入"命令，导入一张素材，执行"效果"|"调整"|"替换颜色"命令，弹出"替换颜色"对话框，展开预览窗口，运用原颜色后面的吸管工具吸取图像中橘黄色小球颜色，在新建颜色下拉列表中选择橘黄色，单击"预览"按钮，如图 6-61 所示。

*02* 设置好之后单击"确定"按钮，执行"替换颜色"命令前后效果对比，如图 6-62 所示。

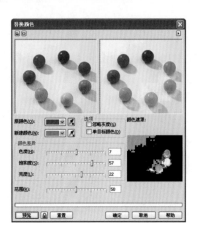

图 6-61　替换颜色

图 6-62　替换颜色效果

## 6.3.13 取消饱和

"取消饱和"命令可以将位图中的所有颜色饱和度全调整为 0，使每种颜色转换为与其相应的灰度显示，但不会改变图像的颜色模式。

*01* 执行"文件"|"导入"命令，导入一张素材。

*02* 执行"效果"|"调整"|"取消饱和"命令，"取消饱和"命令前后效果对比，如图 6-63 所示。

图 6-63　取消饱和效果

## 6.3.14 通道混合器

"通道混合器"命令可以混合各个颜色通道来改变图像颜色，平衡位图色彩。

*01* 执行"文件"|"导入"命令，导入一张素材，执行"效果"|"调整"|"通道混合器"命令，弹出"通道混合器"对话框，展开预览窗口，在"通道"中选择红色，在"输入通道"中设置数值，单击"预览"按钮，如图 6-64 所示。

*02* 设置好之后单击"确定"按钮，执行"通道混合器"命令前后效果对比，如图 6-65 所示。

图 6-64　通道混合器　　　　　　　　　　　图 6-65　通道混合器效果

## 6.4　变换位图颜色

　　CorelDRAW X5 允许使用者将颜色和色调变换同时应用于位图图像。可以变换对象的颜色和色调产生特殊效果。

### 6.4.1　去交错

　　"去交错"命令用于扫描或隔行显示图像中删除线条。

　　导入一张素材，执行"效果"|"变换"|"去交错"命令，弹出"去交错"对话框，在扫描线和替换方法中选择需要的选项，如图 6-66 所示。单击"确定"按钮，如图 6-67 所示。

### 6.4.2　反显

　　"反显"命令用于显示翻转对象的颜色，形成摄影负片的外观。

　　导入一张素材，执行"效果"|"变换"|"反显"命令，"反显"命令前后效果对比，如图 6-68 所示。

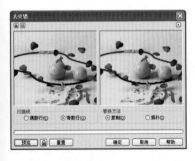

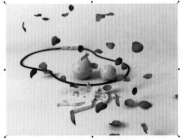

图 6-66　去交错　　　　　　　图 6-67　去交错效果　　　　　　图 6-68　反显效果

### 6.4.3　极色化

　　"极色化"命令可以将图像转换为单一颜色，使图像简单化。

*01* 导入一张素材，执行"效果"|"变换"|"极色化"命令，弹出"极色化"对话框，展开预览窗口，在层次中设置数值，如图 6-69 所示。

*02* 设置好之后单击"确定"按钮，执行"极色化"命令前后效果对比，如图 6-70 所示。

图 6-69　极色化

图 6-70　极色化效果

## 6.5 校正位图效果

校正位图可以通过更改为图中的相异像素减少杂点。

*01* 导入一张素材，执行"效果"|"校正"|"尘埃与刮痕"命令，弹出"尘埃与刮痕"对话框，展开预览窗口，在对话框中设置数值，单击"预览"按钮，如图 6-71 所示。

*02* 设置好之后单击"确定"按钮，执行"校正"命令前后效果对比，如图 6-72 所示。

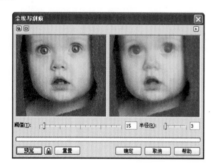

图 6-71　尘埃与刮痕

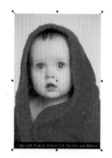

图 6-72　尘埃与刮痕效果

## 6.6 位图颜色遮罩

位图颜色遮罩可以将图像中显示的颜色进行隐藏，使图像变为透明效果。还可以改变选中的颜色，不改变图像中其他颜色。

*01* 导入一张素材，执行"位图"|"位图颜色遮罩"命令，在绘图页面右侧弹出"位图颜色遮罩"泊坞窗，如图 6-73 所示。

*02* 在"位图颜色遮罩"泊坞窗中，选择"隐藏颜色"选项，在色彩列表框中勾选一个色彩条，单击"颜色选择"按钮，运用鼠标单击位图需要隐藏的颜色，在容限中设置数值为 50，如图 6-74 所示。

图 6-73　位图颜色遮罩　　　　　　　　　图 6-74　设置颜色

*03* 单击"应用"按钮，位图效果如图 6-75 所示。

图 6-75　位图颜色遮罩效果

*04* 在"位图颜色遮罩"泊坞窗中，选择"显示颜色"选项，单击"应用"按钮，即可将选中的颜色保留，其他颜色隐藏，如图 6-76 所示。

图 6-76　位图颜色遮罩效果

 专家提示

　　在"位图颜色遮罩"面板中，"容限"值越高，所选颜色的范围就越多。

## 6.7 实例演练

本实例绘制的是一款服饰海报，主要运用矩形工具、折线工具、填充工具、椭圆形工具、交互式透明工具、导入命令和放置到容器中命令来完成，效果如图 6-77 所示。

*01* 启动 CorelDRAW X5，执行"文件"|"新建"命令，新建一个默认为 A4 大小的空白文档。

*02* 在属性栏中单击"横向"按钮，改变纸张的方向，选择工具箱中的"矩形工具"，在绘图页面拖动鼠标绘制一个矩形，如图 6-78 所示。

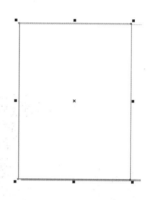

图 6-77　服饰海报　　　　　　　　　　　　　　　　图 6-78　绘制矩形

*03* 选择工具箱中的"选择工具"，选中矩形，按住 Ctrl 键向右拖动矩形，到合适的位置时，单击鼠标右键复制矩形，如图 6-79 所示。

*04* 按住 Shift 键将两个矩形选中，拖动鼠标调整两个矩形与页面大小相同，如图 6-80 所示。

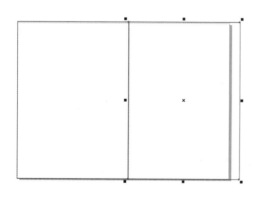

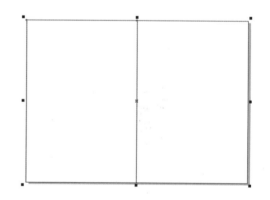

图 6-79　复制矩形　　　　　　　　　　　　　　　　图 6-80　调整大小

*05* 选中一个矩形，选择工具箱中的"填充工具"，在隐藏的工具组中选择"均匀填充"选项，在弹出的"均匀填充"对话框中设置颜色为浅黄色（C4、M5、Y11、K0），如图 6-81 所示。

*06* 设置好颜色，单击"确定"按钮，为矩形填充颜色，鼠标右键单击调色板上的按钮，去掉轮廓线，如图 6-82 所示。

图 6-81　均匀填充

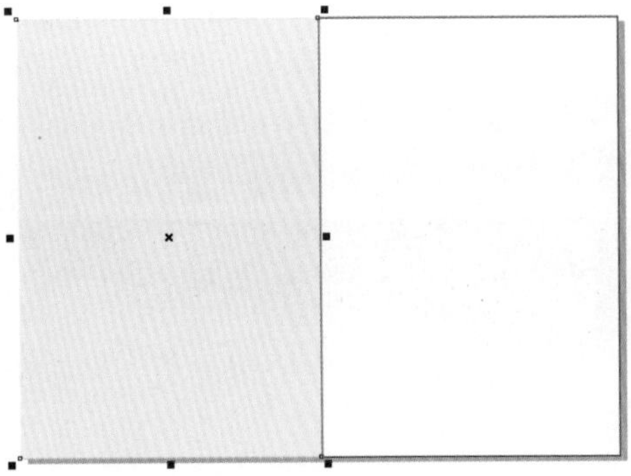

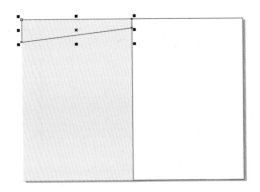

图 6-82　填充颜色

*07* 选择工具箱中的"折线工具" ，在绘图页面拖动鼠标绘制图形，如图 6-83 所示。

*08* 选择工具箱中的"填充工具" ，在隐藏的工具组中选择"均匀填充"选项，在弹出的"均匀填充"对话框中设置颜色为橘红色（C0、M60、Y100、K0），如图 6-84 所示。

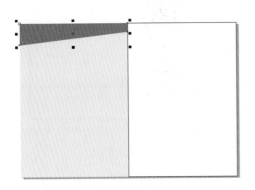

图 6-83　绘制折线

图 6-84　均匀填充

*09* 设置好颜色单击"确定"按钮，为图形填充颜色，并去掉轮廓线，如图 6-85 所示。

*10* 选中绘制的图形，移动图形到合适的位置单击鼠标右键，复制图形，单击调色板上的黄色色块，填充颜色为黄色，如图 6-86 所示。

图 6-85　填充颜色

图 6-86　复制图形

*11* 按下 Ctrl+PageDown 快捷键，调整复制图形的层次，如图 6-87 所示。

*12* 选择工具箱中的"交互式透明工具" ，在属性栏编辑透明度下拉列表中选择"标准"选项，透明度操作下拉列表中选择"常规"选项，透明度目标下拉列表中选择"全部"选项，如图 6-88 所示。

图 6-87　调整图层顺序

图 6-88　交互式透明工具属性栏

*13* 效果如图 6-89 所示。

*14* 运用同样的操作方法，绘制其他图形，如图 6-90 所示。

图 6-89　透明效果

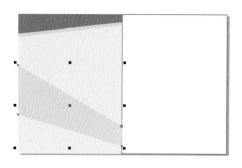

图 6-90　绘制图形

*15* 执行"文件"|"导入"命令，导入素材，如图 6-91 所示。

*16* 选择工具箱中的"选择工具" ，按住 Shift 键，将素材和绘制的浅黄色图形选中，如图 6-92 所示。

图 6-91　导入素材

图 6-92　选择图形

*17* 执行"效果"|"图框精确剪裁"|"放置在容器中"命令，当光标变为➡时，放置到绘制的矩形上，如图 6-93 所示。

*18* 单击鼠标左键，效果如图 6-94 所示。

图 6-93　放置在容器中

图 6-94　放置在容器中

*19* 单击鼠标右键，在弹出的快捷菜单中选择"编辑内容"选项，如图 6-95 所示。

*20* 选中每一个对象进行大小和位置调整，调整完成后单击鼠标右键，在弹出的快捷菜单中选择"结束编辑"选项，效果如图 6-96 所示。

图 6-95　编辑内容

图 6-96　结束编辑

*21* 选择工具箱中的"文本工具" 字 ，在绘图页面单击鼠标左键，输入文字，在属性栏中设置字体为"方正彩云简体"，字体大小为 48，如图 6-97 所示。

*22* 按下 Ctrl+K 快捷键，将文字打散，如图 6-98 所示。

图 6-97　输入文字

图 6-98　打散文字

*23* 分别选中文字进行位置的调整，如图 6-99 所示。

*24* 选择工具箱中的"文本工具" 字，在属性栏中单击"将文本更改为垂直方向"按钮 ，同样的操作方法输入文字，如图 6-100 所示。

图 6-99　调整文字

图 6-100　输入文字

*25* 运用同样的操作方法输入其他文字，如图 6-101 所示。

*26* 选择工具箱中的"选择工具" ，选中绘制的矩形，按下鼠标右键拖动矩形，到另一个矩形边缘，如图 6-102 所示。

图 6-101　输入文字

图 6-102　拖动矩形

*27* 释放鼠标右键，弹出快捷菜单，选择"复制所有属性"选项，效果如图 6-103 所示。

图 6-103　复制所有属性

*28* 按住 Shift 键，选中绘制的图形，再按住 Ctrl 键，拖动鼠标移动图形到合适的位置单击鼠标右键，复制图形，如图 6- 104 所示。

*29* 选择工具箱中的"椭圆形工具" ，在绘图页面按住 Ctrl 键拖动鼠标绘制正圆，如图 6-105 所示。

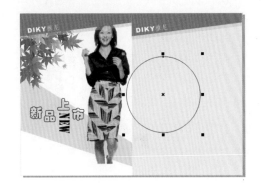

图 6- 104　复制图形　　　　　　　　　　　　　　图 6-105　绘制正圆

*30* 选择工具箱中的"颜色滴管工具" ，单击绘制的图形，如图所示，滴管工具直接转换为颜料桶工具，单击绘制的圆形，为圆形填充颜色，如图 6-106 所示

图 6-106　填充颜色

*31* 去掉轮廓线，选择工具箱中的"交互式透明工具" ，在属性栏编辑透明度下拉列表中选择"标准"选项，再选择工具箱中的"选择工具" ，复制圆形，调整好位置，如图 6-107 所示。

*32* 执行"文件"|"导入"命令，导入素材，如图 6-108 所示。

图 6-107　复制图形　　　　　　　　　　　　　　图 6-108　导入素材

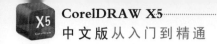
*33* 选中导入的素材，和绘制的圆形，执行"效果"|"图框精确剪裁"|"放置在容器中"命令，效果如图6-109所示。

图6-109 放置在容器中

*34* 选择左边的矩形，执行"编辑内容"选项，调整人物素材的位置。再分别选中绘制的矩形，按下Ctrl+G快捷键，将图形群组，并分别缩小图形放置到合适的位置，如图6-110所示。

*35* 双击工具箱中的"矩形工具" ▭，绘制一个与页面大小相同的矩形，单击调色板上的90%的灰色色块，填充颜色为灰色，去掉轮廓线，效果如图6-111所示。

图6-110 调整图形 　　　　　　　　　　图6-111 绘制背景

# 第 7 章

# 滤镜特效

**本章重点**

- ◆ 滤镜的基本操作
- ◆ 艺术笔触
- ◆ 相机滤镜
- ◆ 轮廓图
- ◆ 扭曲滤镜
- ◆ 鲜明化滤镜

- ◆ 三维效果
- ◆ 模糊滤镜
- ◆ 颜色转换
- ◆ 创造性滤镜
- ◆ 杂点滤镜
- ◆ 实例演练

在 CorelDRAW 中，除了可以调整位图的色调和颜色外，还可以像 Photoshop 一样用滤镜来处理图像。滤镜来源于摄影中的滤光镜，使用它可以轻而易举地得到奇特的图像效果。

# 7.1 滤镜的基本操作

对图像添加滤镜效果时，首先要知道滤镜的基本知识，就像刚开始玩电脑的人一样，首先必须懂得怎样开机和关机，下面介绍的是滤镜的基本操作。

## 7.1.1 添加滤镜效果

CorelDRAW 中的滤镜都集中在"位图"菜单下，如图 7-1 所示。虽然滤镜的种类繁多，但是其使用方法却非常类似。选择需要添加滤镜效果的位图后，直接单击选择"位图"菜单中的相应滤镜命令，打开滤镜对话框，即可从中对相关参数进行设置。

## 7.1.2 撤销与恢复滤镜效果

如果对添加的一个或多个滤镜效果不满意，可以将其撤销，具体的操作方法如下：

| 三维效果 (3) ▶ |
| 艺术笔触 (A) ▶ |
| 模糊 (B) ▶ |
| 相机 (C) ▶ |
| 颜色转换 (L) ▶ |
| 轮廓图 (O) ▶ |
| 创造性 (V) ▶ |
| 扭曲 (D) ▶ |
| 杂点 (N) ▶ |
| 鲜明化 (S) ▶ |
| 外挂式过滤器 (P) ▶ |

➤ 每次添加滤镜后，在"编辑"菜单顶部都会出现"撤销"命令，单击该命令或者按下快捷键 Ctrl + Z，即可撤销滤镜效果。

图 7-1 "位图"菜单下的滤镜工具

➤ 单击"标准"工具栏中的"撤销"按钮 🔙，可以撤销上一步添加的滤镜。

➤ 选择菜单栏中的"编辑"|"重做"命令，或者按下快捷键 Ctrl + Shift + Z，可以恢复刚才撤销的滤镜。

# 7.2 三维效果

三维效果滤镜可以对位图添加多种类似 3D 立体效果，在三维效果滤镜中包括了 7 种滤镜效果，分别为：三维旋转、柱面、浮雕、卷页、透视、挤远/挤近和球面。

## 7.2.1 三维旋转

"三维旋转"命令可以使图像产生一种画面旋转透视的效果。

*01* 执行"文件"|"导入"命令，导入一张素材。执行"位图"|"三维效果"|"三位旋转"命令，弹出"三维旋转"对话框，展开预览窗口，在"垂直"和"水平"数值框中输入数值，设置好旋转角度，单击"预览"按钮，如图 7-2 所示。

*02* 单击"确定"按钮，执行"三维旋转"命令图像前后效果对比，如图 7-3 所示。

图 7-2 三维旋转                    图 7-3 三维旋转效果

## 7.2.2 柱面

"柱面"命令可以使图像产生柱状变形效果。

*01* 导入一张素材，执行"位图"|"三维效果"|"柱面"命令，弹出"柱面"对话框，展开预览窗口，在对话框中设置数值，单击"预览"按钮，如图 7-4 所示。

*02* 单击"确定"按钮，执行"柱面"命令图像前后效果对比，如图 7-5 所示。

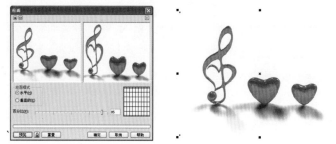

图 7-4 柱面 　　　　　　　　　　　　　　　　图 7-5 柱面效果

## 7.2.3 浮雕

"浮雕"命令可以根据图像的明暗呈凹凸状显示，产生浮雕效果。

*01* 导入一张素材，执行"位图"|"三维效果"|"浮雕"命令，弹出"浮雕"对话框，展开预览窗口，在此对话框中设置数值，在浮雕色中勾选"原始颜色"选项，单击"预览"按钮，如图 7-6 所示。

*02* 单击"确定"按钮，执行"浮雕"命令图像前后效果对比，如图 7-7 所示。

图 7-6 浮雕 　　　　　　　　　　　　　　　　图 7-7 浮雕效果

## 7.2.4 卷页

"卷叶"命令可以将位图的任意一个角进行翻转。

*01* 导入一张素材，执行"位图"|"三维效果"|"卷页"命令，弹出"卷页"对话框，展开预览窗口，在对话框中设置数值，单击"预览"按钮，如图 7-8 所示。

*02* 单击"确定"按钮，执行"卷页"命令图像前后效果对比，如图 7-9 所示。

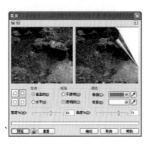

图 7-8　卷页　　　　　　　　　　　　　　　　　　　　图 7-9　卷页效果

## 7.2.5 透视

　　"透视"命令可以将图像产生三维透视效果。

　　*01* 导入一张素材，执行"位图"|"三维效果"|"透视"命令，弹出"透视"对话框，展开预览窗口，在对话框中调整节点，单击"预览"按钮，如图 7-10 所示。

　　*02* 单击"确定"按钮，执行"透视"命令图像前后效果对比，如图 7-11 所示。

图 7-10　透视　　　　　　　　　　　　　　　　　　　图 7-11　透视效果

## 7.2.6 挤远/挤近

　　"挤远/挤近"命令是图像相对于中心位置进行弯曲，产生拉近或拉远的效果。

　　*01* 导入一张素材，执行"位图"|"三维效果"|"挤近/挤远"命令，弹出"挤近/挤远"对话框，展开预览窗口，在对话框中设置数值，单击"预览"按钮，如图 7-12 所示。

　　*02* 单击"确定"按钮，执行"挤近/挤远"命令图像前后效果对比，如图 7-13 所示。

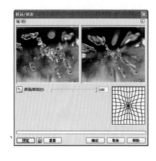
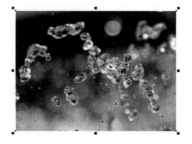

图 7-12　挤远/挤近　　　　　　　　　　　　　　　　　图 7-13　挤远/挤近效果

## 7.2.7 球面

"球面"命令可以使图像产生类似球面效果的变化。

*01* 导入一张素材，执行"位图"|"三维效果"|"球面"命令，弹出"球面"对话框，展开预览窗口，在对话框中设置数值，单击"预览"按钮，如图 7-14 所示。

*02* 单击"确定"按钮，执行"球面"命令图像前后效果对比，如图 7-15 所示。

图 7-14 球面

图 7-15 球面效果

## 7.3 艺术笔触

艺术笔触滤镜可以将图像转化成多种不同美术效果的图像，在艺术笔触滤镜中包括了 14 种滤镜效果，分别为：炭笔画、单色蜡笔画、蜡笔画、立体派、印象派、调色刀、彩色蜡笔画、钢笔画、点彩派、木版画、素描、水彩画、水印画和波纹纸画。

## 7.3.1 炭笔画

"炭笔画"命令可以将图像产生炭笔绘制的效果。

*01* 导入一张素材，执行"位图"|"艺术笔触"|"炭笔画"命令，弹出"炭笔画"对话框，展开预览窗口，设置大小和边缘数值，单击"预览"按钮，如图 7-16 所示。

*02* 单击"确定"按钮，执行"炭笔画"命令图像前后效果对比，如图 7-17 所示。

图 7-16 炭笔画

图 7-17 炭笔画效果

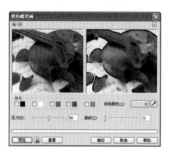

### 7.3.2 单色蜡笔画

"单色蜡笔画"命令可以将图像产生粉笔画的效果。

*01* 导入一张素材，执行"位图"|"艺术笔触"|"单色蜡笔画"命令，弹出"单色蜡笔画"对话框，展开预览窗口，设置数值，单击"预览"按钮，如图 7-18 所示。

*02* 单击"确定"按钮，执行"单色蜡笔画"命令图像前后效果对比，如图 7-19 所示。

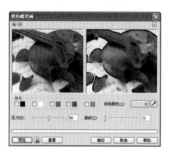

图 7-18　单色蜡笔画　　　　　　　　　　　　图 7-19　单色蜡笔画效果

### 7.3.3 蜡笔画

"蜡笔画"命令可以使图像产生蜡笔画的效果。

*01* 导入一张素材，执行"位图"|"艺术笔触"|"蜡笔画"命令，弹出"蜡笔画"对话框，展开预览窗口，设置数值，单击"预览"按钮，如图 7-20 所示。

*02* 单击"确定"按钮，执行"蜡笔画"命令图像前后效果对比，如图 7-21 所示。

图 7-20　蜡笔画　　　　　　　　　　　　　　图 7-21　蜡笔画效果

### 7.3.4 立体派

"立体派"命令可以使图像中相同颜色色素组合在一起，产生一种具有立体感的效果。

*01* 导入一张素材，执行"位图"|"艺术笔触"|"立体派"命令，弹出"立体派"对话框，展开预览窗口，设置数值，单击"预览"按钮，如图 7-22 所示。

*02* 单击"确定"按钮，执行"立体派"命令图像前后效果对比，如图 7-23 所示。

图 7-22　立体派

图 7-23　立体派效果

## 7.3.5 印象派

　　"印象派"命令可以将图像产生一种印象派风格的油画效果，"印象派"包括两种方法：产生隔着磨砂玻璃看图像效果；在图像中添加色块。

　　*01* 导入一张素材，执行"位图"|"艺术笔触"|"印象派"命令，弹出"印象派"对话框，展开预览窗口，设置数值，单击"预览"按钮，如图 7-24 所示。

　　*02* 单击"确定"按钮，执行"印象派"命令图像前后效果对比，如图 7-25 所示。

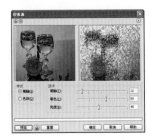

图 7-24　印象派

图 7-25　印象派效果

## 7.3.6 调色刀

　　"调色刀"命令可以使图像产生一种小刀刮制图像的效果。

　　*01* 导入一张素材，执行"位图"|"艺术笔触"|"调色刀"命令，弹出"调色刀"对话框，展开预览窗口，设置数值，单击"预览"按钮，如图 7-26 所示。

　　*02* 单击"确定"按钮，执行"调色刀"命令图像前后效果对比，如图 7-27 所示。

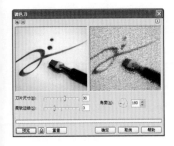

图 7-26　调色刀

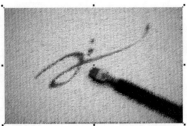

图 7-27　调色刀效果

### 7.3.7 彩色蜡笔画

"彩色蜡笔画"命令可以使图像产生一种彩色蜡笔画绘制的效果。

*01* 导入一张素材，执行"位图"|"艺术笔触"|"彩色蜡笔画"命令，弹出"彩色蜡笔画"对话框，展开预览窗口，设置数值，单击"预览"按钮，如图 7-28 所示。

*02* 单击"确定"按钮，执行"彩色蜡笔画"命令图像前后效果对比，如图 7-29 所示。

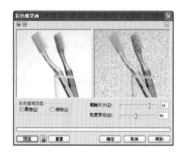

图 7-28　彩色蜡笔画

图 7-29　彩色蜡笔画效果

### 7.3.8 钢笔画

"钢笔画"命令可以使图像产生一种黑白钢笔画的效果。

*01* 导入一张素材，执行"位图"|"艺术笔触"|"钢笔画"命令，弹出"钢笔画"对话框，展开预览窗口，设置数值，单击"预览"按钮，如图 7-30 所示。

*02* 单击"确定"按钮，执行"钢笔画"命令图像前后效果对比，如图 7-31 所示。

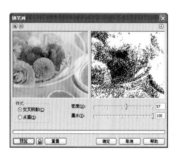

图 7-30　钢笔画

图 7-31　钢笔画效果

### 7.3.9 点彩派

"点彩派"可以使图像产生一种由大量色块组成的斑点效果。

*01* 导入一张素材，执行"位图"|"艺术笔触"|"点彩派"命令，弹出"点彩派"对话框，展开预览窗口，设置数值，单击"预览"按钮，如图 7-32 所示。

*02* 单击"确定"按钮，执行"点彩派"命令图像前后效果对比，如图 7-33 所示。

图 7-32　点彩派

图 7-33　点彩派效果

## 7.3.10 木版画

"木版画"命令可以将图像添加黑白色杂点，类似木板效果。

*01* 导入一张素材，执行"位图"|"艺术笔触"|"木版画"命令，弹出"木版画"对话框，展开预览窗口，设置数值，单击"预览"按钮，如图 7-34 所示。

*02* 单击"确定"按钮，执行"木版画"命令图像前后效果对比，如图 7-35 所示。

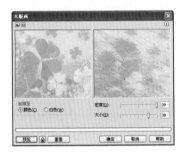

图 7-34　木版画

图 7-35　木版画效果

## 7.3.11 素描

"素描"命令可以将图像以素描绘画的形式显示。

*01* 导入一张素材，执行"位图"|"艺术笔触"|"素描"命令，弹出"素描"对话框，展开预览窗口，设置数值，单击"预览"按钮，如图 7-36 所示。

*02* 单击"确定"按钮，执行"素描"命令图像前后效果对比，如图 7-37 所示。

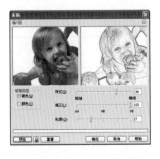

图 7-36　素描

图 7-37　素描效果

### 7.3.12 水彩画

"水彩画"命令可以将图像以水彩画的形式显示。

*01* 导入一张素材,执行"位图"|"艺术笔触"|"水彩画"命令,弹出"水彩画"对话框,展开预览窗口,设置数值,单击"预览"按钮,如图7-38所示。

*02* 单击"确定"按钮,执行"水彩画"命令图像前后效果对比,如图7-39所示。

图7-38 水彩画 　　　　　　　　　　　　　　图7-39 水彩画效果

### 7.3.13 水印画

"水印画"命令可以使图像产生一种用海绵蘸着颜色绘制的效果。

*01* 导入一张素材,执行"位图"|"艺术笔触"|"水印画"命令,弹出"水印画"对话框,展开预览窗口,设置数值,单击"预览"按钮,如图7-40所示。

*02* 单击"确定"按钮,执行"水印画"命令图像前后效果对比,如图7-41所示。

图7-40 水印画 　　　　　　　　　　　　　　图7-41 水印画效果

### 7.3.14 波纹纸画

"波纹纸画"命令可以将图像产生一种在带有纹路的纸张上绘制的效果。

*01* 导入一张素材,执行"位图"|"艺术笔触"|"波纹纸画"命令,弹出"波纹纸画"对话框,展开预览窗口,设置数值,单击"预览"按钮,如图7-42所示。

*02* 单击"确定"按钮,执行"波纹纸画"命令图像前后效果对比,如图7-43所示。

图 7-42　波纹纸画　　　　　　　　　　　图 7-43　波纹纸画效果

# 7.4 模糊滤镜

模糊滤镜可以将图像产生不同的模糊效果，在模糊滤镜中包括了 9 种滤镜效果，分别为：定向平滑、高斯式模糊、锯齿状模糊、低通滤波器、动态模糊、放射状模糊、平滑、柔和和缩放。

## 7.4.1 定向平滑

"定向平滑"命令可以使图像中的颜色过渡平滑，产生一种细微的模糊效果。

导入一张素材，执行"位图"|"模糊"|"定向平滑"命令，弹出"定向平滑"对话框，展开预览窗口，设置百分比，单击"确定"按钮，效果如图 7-44 所示。

图 7-44　定向平滑

## 7.4.2 高斯式模糊

"高斯式模糊"命令可以将图像按高斯分布产生高、中、低的模糊。

导入一张素材，执行"位图"|"模糊"|"高斯式模糊"命令，弹出"高斯式模糊"对话框，展开预览窗口，设置半径像素数值，单击"确定"按钮，效果如图 7-45 所示。

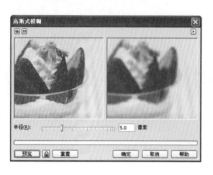

图 7-45 高斯式模糊

## 7.4.3 锯齿状模糊

"锯齿状模糊"命令可以将图像产生一种锯齿状的模糊效果，以去掉小斑点和杂点。

导入一张素材，执行"位图"|"模糊"|"锯齿状模糊"命令，弹出"锯齿状模糊"对话框，展开预览窗口，在"宽度"和"高度"中如入数值，单击"确定"按钮，效果如图 7-46 所示。

图 7-46 锯齿状模糊

## 7.4.4 低通滤波器

"低通滤波器"命令可以将图像中相邻颜色间的对比度降低。

导入一张素材，执行"位图"|"模糊"|"低通滤波器"命令，弹出"低通滤波器"对话框，展开预览窗口，在"百分比"和"半径"中输入数值，单击"确定"按钮，效果如图 7-47 所示。

图 7-47 低通滤波器

### 7.4.5 动态模糊

"动态模糊"命令可以使图像产生一种物体运动时的模糊效果。

导入一张素材,执行"位图"|"模糊"|"动态模糊"命令,弹出"动态模糊"对话框,展开预览窗口,设置数值,单击"确定"按钮,效果如图 7-48 所示。

图 7-48　动态模糊

### 7.4.6 放射状模糊

"放射状模糊"命令可以使位图图像以某一点为中心产生旋转的模糊效果。

导入一张素材,执行"位图"|"模糊"|"放射状模糊"命令,弹出"放射状模糊"对话框,展开预览窗口,设置数值,单击"确定"按钮,效果如图 7-49 所示。

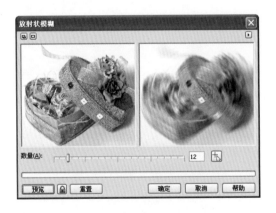 

图 7-49　放射状模糊

### 7.4.7 平滑

"平滑"命令可以使图像中色块的边界变得平滑。

导入一张素材,执行"位图"|"模糊"|"平滑"命令,弹出"平滑"对话框,展开预览窗口,设置百分比,单击"确定"按钮,效果如图 7-50 所示。

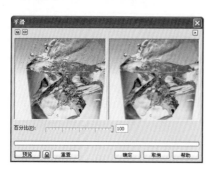

图 7-50　平滑

## 7.4.8 柔和

"柔和"命令用于柔滑图像色调的交界，是图像产生一种轻微的模糊效果。

导入一张素材，执行"位图"|"模糊"|"柔和"命令，弹出"柔和"对话框，展开预览窗口，设置百分比，单击"确定"按钮，如图 7-51 所示。

图 7-51　柔和

## 7.4.9 缩放

"缩放"命令可以将图像产生一种由中心向外爆炸的模糊效果。

导入一张素材，执行"位图"|"模糊"|"缩放"命令，弹出"缩放"对话框，展开预览窗口，设置数量值，单击"确定"按钮，效果如图 7-52 所示。

图 7-52　缩放

## 7.5 相机滤镜

相机滤镜可以扩散图像的边界色彩，在相机滤镜中只包含了"扩散"1种滤镜效果。

导入一张素材，执行"位图"|"相机"|"扩散"命令，弹出"扩散"对话框，展开预览窗口，设置层次值，单击"确定"按钮，效果如图 7-53 所示。

图 7-53 扩散

## 7.6 颜色转换

颜色转换滤镜用于修改图像的色彩，在颜色转换滤镜中包括了 4 种滤镜效果，分别为：位平面、半色调、梦幻色调和曝光。

### 7.6.1 位平面

"位平面"命令可以减少图像中的色调数量，通过红、绿、蓝三种色块平面来显示。

导入一张素材，执行"位图"|"颜色转换"|"位平面"命令，弹出"位平面"对话框，展开预览窗口，设置数值，单击"确定"按钮，效果如图 7-54 所示。

图 7-54 位平面

### 7.6.2 半色调

"半色调"命令可以将图像产生网板效果。

导入一张素材，执行"位图"|"颜色转换"|"半色调"命令，弹出"半色调"对话框，展开预览窗口，设

置数值，单击"确定"按钮，效果如图 7-55 所示。

图 7-55　半色调

## 7.6.3　梦幻色调

　　"梦幻色调"命令可以将图像的色块转换为明亮、鲜艳的色彩，使图像颜色对比强烈，产生梦幻效果。

　　导入一张素材，执行"位图"|"颜色转换"|"梦幻色调"命令，弹出"梦幻色调"对话框，展开预览窗口，设置层次值，单击"确定"按钮，效果如图 7-56 所示。

图 7-56　梦幻色调

## 7.6.4　曝光

　　"曝光"命令可以将图像转变为类似照片底片的效果。

　　导入一张素材，执行"位图"|"颜色转换"|"曝光"命令，弹出"曝光"对话框，展开预览窗口，设置层次值，单击"确定"按钮，效果如图 7-57 所示。

图 7-57　曝光

## 7.7 轮廓图

轮廓图滤镜可以突出和强调图像的边缘效果，在轮廓图滤镜中包括了 3 种滤镜效果，分别为：边缘检测、查找边缘和描摹轮廓。

### 7.7.1 边缘检测

"边缘检测"命令可以将图像转换为黑白显示的线条效果。

*01* 导入一张素材，执行"位图"|"轮廓图"|"边缘检测"命令，弹出"边缘检测"对话框，展开预览窗口，设置数值，如图 7-58 所示。

*02* 单击"确定"按钮，执行"边缘检测"命令图像前后效果对比，如图 7-59 所示。

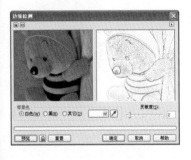

图 7-58　边缘检测

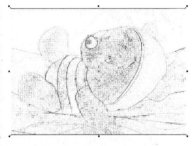

图 7-59　边缘检测效果

### 7.7.2 查找边缘

"查找边缘"命令可以将图像中有颜色变化的过渡色边缘进行强化。

*01* 导入一张素材，执行"位图"|"轮廓图"|"查找边缘"命令，弹出"查找边缘"对话框，展开预览窗口，设置数值，如图 7-60 所示。

*02* 单击"确定"按钮，执行"查找边缘"命令图像前后效果对比，如图 7-61 所示。

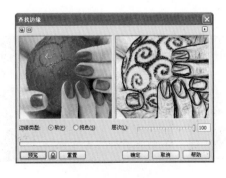

图 7-60　查找边缘

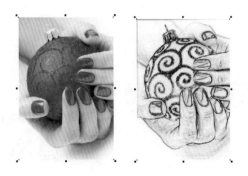

图 7-61　查找边缘效果

### 7.7.3 描摹轮廓

"描摹轮廓"命令可以将图像的边缘具有色调差别，增强图像的边缘效果。

*01* 导入一张素材，执行"位图"|"轮廓图"|"描摹轮廓"命令，弹出"描摹轮廓"对话框，展开预览窗口，设置层次值，如图 7-62 所示。

*02* 单击"确定"按钮，执行"描摹轮廓"命令图像前后效果对比，如图 7-63 所示。

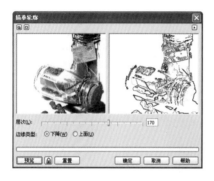

图 7-62　描摹轮廓

图 7-63　描摹轮廓效果

## 7.8 创造性滤镜

创造性滤镜可以为图像添加许多具有创意的各种效果，在创造性滤镜中包括了 14 种滤镜效果，分别为：工艺、晶体化、织物、框架、玻璃砖、儿童游戏、马赛克、粒子、散开、茶色玻璃、彩色玻璃、虚光、旋涡和天气。

### 7.8.1 工艺

"工艺"命令可以为图像添加具有类似工艺元素拼接的效果。

*01* 导入一张素材，执行"位图"|"创造性"|"工艺"命令，弹出"工艺"对话框，展开预览窗口，设置数值，如图 7-64 所示。

*02* 单击"确定"按钮，执行"工艺"命令图像前后效果对比，如图 7-65 所示。

图 7-64　工艺

图 7-65　工艺效果

## 7.8.2 晶体化

"晶体化"命令可以将位图图像产生许多小晶体显示。

*01* 导入一张素材，执行"位图"|"创造性"|"晶体化"命令，弹出"晶体化"对话框，展开预览窗口，设置大小值，如图 7-66 所示。

*02* 单击"确定"按钮，执行"晶体化"命令图像前后效果对比，如图 7-67 所示。

图 7-66　晶体化

图 7-67　晶体化效果

## 7.8.3 织物

"织物"命令可以将图像产生一种模拟手工或机器编织的效果。

*01* 导入一张素材，执行"位图"|"创造性"|"织物"命令，弹出"织物"对话框，展开预览窗口，设置数值，如图 7-68 所示。

*02* 单击"确定"按钮，执行"织物"命令图像前后效果对比，如图 7-69 所示。

图 7-68　织物

图 7-69　织物效果

## 7.8.4 框架

"框架"命令可以将位图图像的边缘产生艺术边框效果。

*01* 导入一张素材，执行"位图"|"创造性"|"框架"命令，弹出"框架"对话框，展开预览窗口，在修改标签中设置数值，改变边框效果，如图 7-70 所示。

*02* 单击"确定"按钮，执行"框架"命令图像前后效果对比，如图 7-71 所示。

图 7-70 框架　　　　　　　　　　　　　　　　图 7-71 框架效果

## 7.8.5 玻璃砖

　　"玻璃砖"命令可以将图像产生映射到多块玻璃上的效果。

　　*01* 导入一张素材，执行"位图"|"创造性"|"玻璃砖"命令，弹出"玻璃砖"对话框，展开预览窗口，设置数值，如图 7-72 所示。

　　*02* 单击"确定"按钮，执行"玻璃砖"命令图像前后效果对比，如图 7-73 所示。

图 7-72 玻璃砖　　　　　　　　　　　　　图 7-73 玻璃砖效果

## 7.8.6 儿童游戏

　　"儿童游戏"命令可以是位图产生具有类似涂鸦的有趣色块效果。

　　*01* 导入一张素材，执行"位图"|"创造性"|"儿童游戏"命令，弹出"儿童游戏"对话框，展开预览窗口，设置数值，如图 7-74 所示。

　　*02* 单击"确定"按钮，执行"儿童游戏"命令图像前后效果对比，如图 7-75 所示。

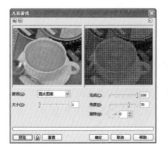

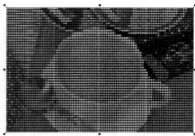

图 7-74 儿童游戏　　　　　　　　　　　　图 7-75 儿童游戏效果

### 7.8.7 马赛克

"马赛克"命令将图像变为马赛克拼接的画面来显示。

*01* 导入一张素材，执行"位图"|"创造性"|"马赛克"命令，弹出"马赛克"对话框，展开预览窗口，设置数值，勾选"虚光"选项，如图 7-76 所示。

*02* 单击"确定"按钮，执行"马赛克"命令图像前后效果对比，如图 7-77 所示。

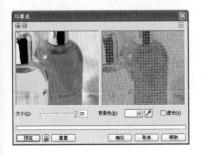

图 7-76　马赛克　　　　　　　　　　　　　　　　图 7-77　马赛克效果

### 7.8.8 粒子

"粒子"命令在图像上添加许多星点或气泡的效果。

*01* 导入一张素材，执行"位图"|"创造性"|"粒子"命令，弹出"粒子"对话框，展开预览窗口，设置数值，如图 7-78 所示。

*02* 单击"确定"按钮，执行"粒子"命令图像前后效果对比，如图 7-79 所示。

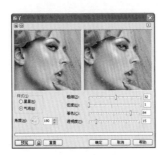

图 7-78　粒子　　　　　　　　　　　　　　　图 7-79　粒子效果

### 7.8.9 散开

"散开"命令可以将图像散开成颜色点效果显示。

*01* 导入一张素材，执行"位图"|"创造性"|"散开"命令，弹出"散开"对话框，展开预览窗口，设置数值，如图 7-80 所示。

*02* 单击"确定"按钮，执行"散开"命令图像前后效果对比，如图 7-81 所示。

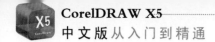
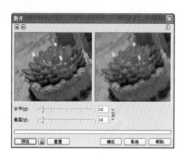

图 7-80 散开                        图 7-81 散开效果

## 7.8.10 茶色玻璃

"茶色玻璃"命令可以将图像产生一种透过玻璃观看的效果。

*01* 导入一张素材，执行"位图"|"创造性"|"茶色玻璃"命令，弹出"茶色玻璃"对话框，展开预览窗口，设置数值，在颜色下拉列表中选择底色，如图 7-82 所示。

*02* 单击"确定"按钮，执行"茶色玻璃"命令图像前后效果对比，如图 7-83 所示。

图 7-82 茶色玻璃                       图 7-83 茶色玻璃效果

## 7.8.11 彩色玻璃

"彩色玻璃"命令可以将图像产生一种透过彩色玻璃观看的效果。

*01* 导入一张素材，执行"位图"|"创造性"|"彩色玻璃"命令，弹出"彩色玻璃"对话框，展开预览窗口，设置数值，在焊接颜色下拉列表中选择颜色，如图 7-84 所示。

*02* 单击"确定"按钮，执行"彩色玻璃"命令图像前后效果对比，如图 7-85 所示。

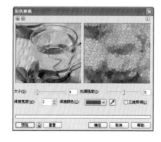

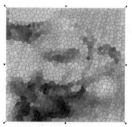

图 7-84 彩色玻璃                       图 7-85 彩色玻璃效果

### 7.8.12 虚光

"虚光"命令可以将图像周围产生柔和的边框效果。

*01* 导入一张素材,执行"位图"|"创造性"|"虚光"命令,弹出"虚光"对话框,展开预览窗口,设置数值,如图 7-86 所示。

*02* 单击"确定"按钮,执行"虚光"命令图像前后效果对比,如图 7-87 所示。

图 7-86　虚光　　　　　　　　　　　　　　　　图 7-87　虚光效果

### 7.8.13 旋涡

"旋涡"命令可以将图像产生旋涡旋转效果,中心变形比较厉害。

*01* 导入一张素材,执行"位图"|"创造性"|"旋涡"命令,弹出"旋涡"对话框,展开预览窗口,设置数值,如图 7-88 所示。

*02* 单击"确定"按钮,执行"旋涡"命令图像前后效果对比,如图 7-89 所示。

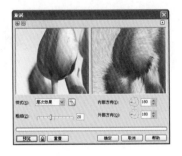  

图 7-88　旋涡　　　　　　　　　　　　　　　　图 7-89　旋涡效果

### 7.8.14 天气

"天气"命令可以将图像添加雨、雪、雾的天气效果。

*01* 导入一张素材,执行"位图"|"创造性"|"天气"命令,弹出""对话框,展开预览窗口,设置数值,如图 7-90 所示。

*02* 单击"确定"按钮,执行"天气"命令图像前后效果对比,如图 7-91 所示。

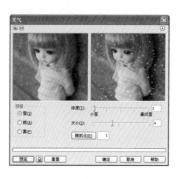

图 7-90　天气　　　　　　　　　　　　　　图 7-91　天气效果

# 7.9　扭曲滤镜

扭曲滤镜可以为图像添加多种不同效果的扭曲，扭曲滤镜中包括了 10 种扭曲效果，分别为：块状、置换、偏移、像素、龟纹、旋涡、平铺、湿笔画、涡流和风吹效果。

## 7.9.1　块状

"块状"命令可以将图像变为块状来显示。

*01* 导入一张素材，执行"位图"|"扭曲"|"块状"命令，弹出"块状"对话框，展开预览窗口，设置数值，如图 7-92 所示。

*02* 单击"确定"按钮，执行"块状"命令图像前后效果对比，如图 7-93 所示。

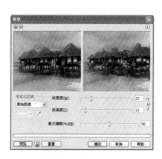

图 7-92　块状　　　　　　　　　　　　　　图 7-93　块状效果

## 7.9.2　置换

"置换"命令可以用预设样式将图像变形，产生特殊的一种效果。

*01* 导入一张素材，执行"位图"|"扭曲"|"置换"命令，弹出"置换"对话框，展开预览窗口，设置数值，如图 7-94 所示。

*02* 单击"确定"按钮，执行"置换"命令图像前后效果对比，如图 7-95 所示。

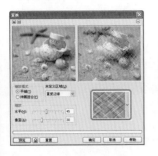

图 7-94　置换　　　　　　　　　　　　　　　　图 7-95　置换效果

## 7.9.3 偏移

"偏移"命令可以使图像产生位置的偏移。

*01* 导入一张素材，执行"位图"|"扭曲"|"偏移"命令，弹出"偏移"对话框，展开预览窗口，设置数值，如图 7-96 所示。

*02* 单击"确定"按钮，执行"偏移"命令图像前后效果对比，如图 7-97 所示。

图 7-96　偏移　　　　　　　　　　　　　　　　图 7-97　偏移效果

## 7.9.4 像素

"像素"命令可以将图像产生像素化模式提供的像素效果。

*01* 导入一张素材，执行"位图"|"扭曲"|"像素"命令，弹出"像素"对话框，展开预览窗口，设置数值，如图 7-98 所示。

*02* 单击"确定"按钮，执行"像素"命令图像前后效果对比，如图 7-99 所示。

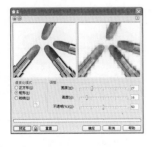
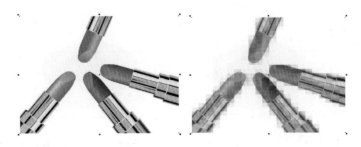

图 7-98　像素　　　　　　　　　　　　　图 7-99　像素效果

### 7.9.5 龟纹

"龟纹"命令可以将图像产生波浪形状的扭曲效果。

*01* 导入一张素材，执行"位图"|"扭曲"|"龟纹"命令，弹出"龟纹"对话框，展开预览窗口，设置数值，勾选"扭曲龟纹"选项，如图 7-100 所示。

*02* 单击"确定"按钮，执行"龟纹"命令图像前后效果对比，如图 7-101 所示。

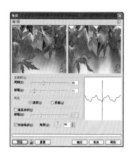

图 7-100　龟纹

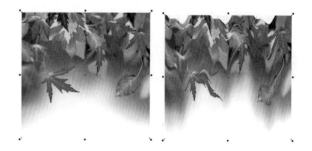

图 7-101　龟纹效果

### 7.9.6 旋涡

"旋涡"命令可以将图像产生螺纹形状的扭曲效果。

*01* 导入一张素材，执行"位图"|"扭曲"|"旋涡"命令，弹出"旋涡"对话框，展开预览窗口，设置数值，如图 7-102 所示。

*02* 单击"确定"按钮，执行"旋涡"命令图像前后效果对比，如图 7-103 所示。

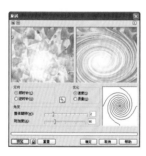

图 7-102　旋涡

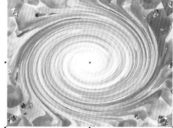

图 7-103　旋涡效果

### 7.9.7 平铺

"平铺"命令将图像为单位，产生多个图像来显示。

*01* 导入一张素材，执行"位图"|"扭曲"|"平铺"命令，弹出"平铺"对话框，展开预览窗口，设置数值，如图 7-104 所示。

*02* 单击"确定"按钮，执行"平铺"命令图像前后效果对比，如图 7-105 所示。

图 7-104　平铺　　　　　　　　　　　　　　　　图 7-105　平铺效果

## 湿笔画

"湿笔画"命令使图像产生一种类似颜料未干，往下流将画面打湿的效果。

*01* 导入一张素材，执行"位图"|"扭曲"|"湿笔画"命令，弹出"湿笔画"对话框，展开预览窗口，设置数值，如图 7-106 所示。

*02* 单击"确定"按钮，执行"湿笔画"命令图像前后效果对比，如图 7-107 所示。

图 7-106　湿笔画　　　　　　　　　　　　　　　图 7-107　湿笔画效果

## 涡流

"涡流"命令可以将图像产生条纹流动的效果。

*01* 导入一张素材，执行"位图"|"扭曲"|"涡流"命令，弹出"涡流"对话框，展开预览窗口，设置数值，如图 7-108 所示。

*02* 单击"确定"按钮，执行"涡流"命令图像前后效果对比，如图 7-109 所示。

图 7-108　涡流　　　　　　　　　　　　　　　　图 7-109　涡流效果

### 7.9.10 风吹效果

"风吹效果"命令可以将图像产生类似风吹过的效果。

*01* 导入一张素材，执行"位图"|"扭曲"|"风吹效果"命令，弹出"风吹效果"对话框，展开预览窗口，设置数值，如图 7-110 所示。

*02* 单击"确定"按钮，执行"风吹效果"命令图像前后效果对比，如图 7-111 所示。

图 7-110　风吹效果

图 7-111　风吹效果

## 7.10 杂点滤镜

杂点滤镜可以为图像添加杂点或去除颗粒的效果，杂点滤镜中包括了 6 种滤镜效果，分别为：添加杂点、最大值、中值、最小、去除龟纹和去除杂点。

### 7.10.1 添加杂点

"添加杂点"命令可以为图像增加颗粒，使图像粗糙。

*01* 导入一张素材，执行"位图"|"杂点"|"添加杂点"命令，弹出"添加杂点"对话框，展开预览窗口，设置数值，如图 7-112 所示。

*02* 单击"确定"按钮，执行"添加杂点"命令图像前后效果对比，如图 7-113 所示。

图 7-112　添加杂点

图 7-113　添加杂点效果

## 7.10.2 最大值

"最大值"命令可以将图像具有很明显的杂点效果。

*01* 导入一张素材，执行"位图"|"杂点"|"最大值"命令，弹出"最大值"对话框，展开预览窗口，设置数值，如图 7-114 所示。

*02* 单击"确定"按钮，执行"最大值"命令图像前后效果对比，如图 7-115 所示。

图 7-114　最大值

图 7-115　最大值效果

## 7.10.3 中值

"中值"命令可以将图像具有比较明显的杂点。

*01* 导入一张素材，执行"位图"|"杂点"|"中值"命令，弹出"中值"对话框，展开预览窗口，设置数值，如图 7-116 所示。

*02* 单击"确定"按钮，执行"中值"命令图像前后效果对比，如图 7-117 所示。

图 7-116　中值

图 7-117　中值效果

## 7.10.4 最小

"最小"命令可以将图像具有杂点效果。

*01* 导入一张素材，执行"位图"|"杂点"|"最小"命令，弹出"最小"对话框，展开预览窗口，设置数值，如图 7-118 所示。

*02* 单击"确定"按钮，执行"最小"命令图像前后效果对比，如图 7-119 所示。

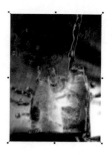

图 7-118　最小　　　　　　　　　　　　　　　图 7-119　最小效果

## 7.10.5 去除龟纹

"去除龟纹"命令可以将图像中的杂点去除掉，图像以平滑的形式显示。

*01* 导入一张素材，执行"位图"|"杂点"|"去除龟纹"命令，弹出"去除龟纹"对话框，展开预览窗口，设置数值，如图 7-120 所示。

*02* 单击"确定"按钮，执行"去除龟纹"命令图像前后效果对比，如图 7-121 所示。

图 7-120　去除龟纹　　　　　　　　　　　　　图 7-121　去除龟纹效果

## 7.10.6 去除杂点

"去除龟纹"命令可以将图像中的杂点去除掉，图像以平滑的形式显示。

*01* 导入一张素材，执行"位图"|"杂点"|"去除杂点"命令，弹出"去除杂点"对话框，展开预览窗口，设置数值，如图 7-122 所示。

*02* 单击"确定"按钮，执行"去除杂点"命令图像前后效果对比，如图 7-123 所示。

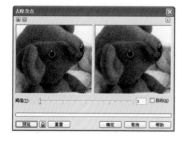

图 7-122　去除杂点　　　　　　　　　　　　　图 7-123　去除杂点效果

## 7.11 鲜明化滤镜

"鲜明化"滤镜可以对图像颜色增加锐度，将图像的颜色更加鲜明，鲜明化滤镜中包括 5 种滤镜效果，分别为：适应非鲜明化、定向柔化、高通滤波器、鲜明化和非鲜明化遮罩。

### 7.11.1 适应非鲜明化

"适应非鲜明化"命令可以将图像的边缘颜色增强锐度，使边缘色突出。

导入一张素材，执行"位图"|"鲜明化"|"适应非鲜明化"命令，弹出"适应非鲜明化"对话框，展开预览对话框，设置百分比，单击"确定"按钮，如图 7-124 所示。

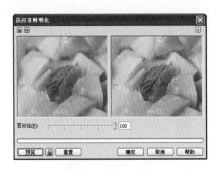

图 7-124　适应非鲜明化

### 7.11.2 定向柔化

"定向柔化"命令使图像变得更加清晰，使图像的边缘柔化。

导入一张素材，执行"位图"|"鲜明化"|"定向柔化"命令，弹出"定向柔化"对话框，展开预览窗口，设置百分比，单击"确定"按钮，如图 7-125 所示。

图 7-125　定向柔化

### 7.11.3 高通滤波器

"高通滤波器"命令可以很清楚的显示位图边缘。

导入一张素材，执行"位图"|"鲜明化"|"高通滤波器"命令，弹出"高通滤波器"对话框，展开预览窗口，设置"百分比"和"半径"的数值，单击"确定"按钮，如图 7-126 所示。

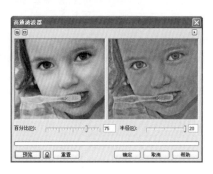

图 7-126 高通滤波器

### 7.11.4 鲜明化

"鲜明化"命令能够增加图像的色度和亮度，使得图像颜色更加鲜明。

导入一张素材，执行"位图" | "鲜明化" | "鲜明化"命令，弹出"鲜明化"对话框，展开预览窗口，设置数值，单击"确定"按钮，如图 7-127 所示。

图 7-127 鲜明化

### 7.11.5 非鲜明化遮罩

"非鲜明化遮罩"命令可以增强图像的边缘细节，使图像产生锐化效果。

导入一张素材，执行"位图" | "鲜明化" | "非鲜明化遮罩"命令，弹出"非鲜明化遮罩"对话框，展开预览窗口，设置数值，单击"确定"按钮，如图 7-128 所示。

图 7-128 非鲜明化遮罩

## 7.12 实例演练

本实例绘制一款儿童服饰海报,运用矩形工具、填充工具、导入命令、顺序命令、滤镜效果和透镜效果来完成绘制,效果如图 1-129 所示。

*01* 启动 CorelDRAW X5,执行"文件"|"新建"命令,新建一个默认为 A4 大小的空白文档。

*02* 执行"文件"|"导入"命令,导入一张素材,如图 7-130 所示。

*03* 选择工具箱中的"矩形工具" ▢,在绘图页面拖动鼠标绘制矩形,单击调色板上的白色色块,填充颜色为白色,鼠标右键单击调色板上的⊠按钮,去掉轮廓线,如图 7-131 所示。

图 1-129　儿童服饰海报

图 7-130　导入素材

图 7-131　绘制矩形

*04* 选择工具箱中的"选择工具" ▨,单击矩形,将矩形处于旋转状态,如图 7-132 所示。

*05* 将光标放置到矩形的顶点上,变为 ↻ 时,拖动鼠标旋转矩形,如图 7-133 所示。

*06* 执行"文件"|"导入"命令,导入一张素材,如图 7-134 所示。

图 7-132　旋转状态

图 7-133　旋转矩形

图 7-134　导入素材

*07* 选择工具箱中的"选择工具" ▨,将素材放置到合适的位置,并调整好角度,如图 7-135 所示。

*08* 执行"位图"|"创造性"|"马赛克"命令,弹出"马赛克"对话框,展开预览窗口,设置数值和颜色,勾选"虚光"选项,单击"预览"按钮,如图 7-136 所示。

*09* 单击"确定"按钮,为图像添加效果,如图 7-137 所示。

*10* 运用同样的操作方法,绘制矩形并导入其他素材,如图 7-138 所示。

*11* 选中导入的素材,执行"位图"|"创造性"|"框架"命令,弹出"框架"对话框,展开预览窗口,在"修改"标签中设置数值,单击"预览"按钮,如图 7-139 所示。

图 7-135　调整素材

图 7-136　马赛克

图 7-137　马赛克效果

*12* 单击"确定"按钮，为图像添加"框架"效果，如图 7-140 所示。

图 7-138　绘制图形

图 7-139　框架

图 7-140　框架效果

*13* 选中多人素材，执行"位图"|"三维效果"|"卷页"命令，弹出"卷页"对话框，展开预览窗口，设置数值和颜色，单击"预览"按钮，如图 7-141 所示。

*14* 选择工具箱中的"矩形工具" □，在绘图页面拖动鼠标绘制矩形，填充颜色为白色，选择工具箱中的"轮廓笔工具" ✐，在隐藏的工具组中选择"轮廓笔"选项，在弹出的"轮廓笔"对话框中设置颜色为 30%灰色，宽度为 1.2mm，样式选择虚线，如图 7-142 所示。

*15* 单击"确定"按钮，为矩形设置轮廓线效果，如图 7-143 所示。

图 7-141　卷页效果

图 7-142　轮廓笔

图 7-143　轮廓线设置

*16* 选择工具箱中的"文本工具" 字，单击鼠标左键输入文字，选中文字，在属性栏中设置字体为"方正少儿简体"，字体大小为 90，如图 7-144 所示。

*17* 按下 Ctrl+K 快捷键，将文字打散，如图 7-145 所示。

*18* 选择工具箱中的"选择工具" ☒，分别选中每一个文字，调整好位置，如图 7-146 所示。

*19* 选中所有文字，按下 Ctrl+G 快捷键，将文字群组。拖动文字到合适的位置单击鼠标右键，复制文字，单击调色板上的白色色块，填充颜色为白色，如图 7-147 所示。

图 7-144 输入文字 　　　　　　　图 7-145 打散文字 　　　　　　　图 7-146 调整文字

*20* 按下 Ctrl+PageDown 快捷键，调整图层，并调整好文字的位置，如图 7-148 所示。

*21* 运用同样的操作方法，复制文字，填充颜色为灰色，并调整好图层位置，如图 7-149 所示。

图 7-147 复制文字 　　　　　　　图 7-148 调整图层顺序 　　　　　　图 7-149 复制文字

*22* 选择工具箱中的"交互式调和工具" ，将鼠标放置到复制的灰色文字上，拖动鼠标到白色文字上，效果如图 7-150 所示。

*23* 选择工具箱中的"选择工具" ，选中黑色文字，选择工具箱中的"填充工具" ，在隐藏的工具组中选择"渐变填充"选项，在弹出的"渐变填充"对话框中，设置颜色为从黄色到白色的线性渐变，如图 7-151 所示。

*24* 单击"确定"按钮，为文字填充渐变色，效果如图 7-152 所示。

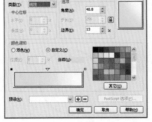

图 7-150 调和效果 　　　　　　　图 7-151 渐变填充 　　　　　　　图 7-152 填充渐变色

*25* 选择工具箱中的"轮廓笔工具" ，在隐藏的工具组中选择"轮廓笔"选项，在弹出的"轮廓笔"对话框中设置颜色为大红色，宽度为 2.0mm，勾选"后台填充"选项，如图 7-153 所示。

*26* 单击"确定"按钮，为文字填充轮廓色，如图 7-154 所示。

*27* 调整文字的大小和位置，如图 7-155 所示。

图 7-153 轮廓笔　　　　　　　　图 7-154 添加轮廓线　　　　　　　　图 7-155 调整文字

*28* 选中所有文字，按下 Ctrl+G 快捷键，将文字群组，选择工具箱中"阴影工具" ，拖动鼠标绘制阴影效果，在属性栏中设置不透明度为 85%，羽化值为 3，透明度操作下拉列表中选择"常规"选项，阴影颜色设置为灰色，效果如图 7-156 所示。

*29* 选择工具箱中的"文本工具" 字，输入其他文字，如图 7-157 所示。

*30* 执行"文件"|"导入"命令。将公司标志和放大镜素材导入到绘图面，放置到合适的位置，如图 7-158 所示。

图 7-156 阴影效果　　　　　　　图 7-157 输入文字　　　　　　　图 7-158 导入素材

*31* 选择工具箱中"椭圆形工具" ○，按住 Ctrl 键，在绘图页面绘制与放大镜大小相等的正圆形，执行"效果"|"透镜"命令，在绘图页面右侧弹出"透镜"泊坞窗，如图 7-159 所示。

*32* 在"透镜效果"下拉列表中选择"鱼眼"选项，单击"应用"按钮，效果如图 7-160 所示。

*33* 鼠标右键单击调色板上的☒按钮，为绘制的圆形去掉轮廓线，如图 7-161 所示。

图 7-159 透镜　　　　　　　　图 7-160 鱼眼效果　　　　　　　图 7-161 最终效果

# 第 8 章

# 文件输出

**本章重点**

◆ 设置输出
◆ 合并打印
◆ 导入与导出文件
◆ CorelDRAW 与其他格式文件
◆ 发布到 Web

当设计或制作完一幅 CorelDRAW 绘图作品后，都需要将其打印输出。打印是一个重要环节，将文件准确无误地打印出来，需要了解与打印有关的内容。学习完所有的 CorelDRAW 绘图知识以后，本章将介绍在 CorelDRAW X5 中有关打印和文件输出方面的内容。

## 8.1 设置输出

在将作品输出之前，需要对其进行相关的打印设置。选择菜单栏中的"文件"|"打印"命令，将打开"打印"对话框，如图 8-1 所示，在该对话框中可对文件进行打印设置。

### 8.1.1 常规设置

"打印"对话框中的"常规"选项卡即如图 8-1 所示，该选项卡中的参数含义如下：

- ↘ "名称"下拉列表框：用来选择所使用的打印机，单击右侧的"属性"按钮可打开对话框对打印机进行设置。
- ↘ "使用 PPD"复选框：用来描述 PostScript 打印机的功能和特性，仅对 PostScript 打印机有效。
- ↘ "打印到文件"复选框：勾选它可将绘图及一些打印设置打印成 PostScript 文件，而不是输出计算机。单击右侧的小三角按钮打开下拉列表，从中可选择生成文件的方式。
- ↘ "打印范围"选项区域：用来选择文件的打印范围。
- ↘ "副本"选项区域：用来指定文件中每一页要打印的份数。若勾选"分页"复选框，则以整个文件为计数单位打印文件，否则按页面为计数单位打印所设份数。
- ↘ "打印类型"下拉列表框：打印类型即打印样式，可将设置好的参数保存为样式以备后用。
- ↘ "打印预览"按钮 ⏭：单击该按钮可在对话框右侧展开预览框预览打印效果。

> ⭐ **专家提示**
>
> 纸张大小需要根据打印机的打印范围而定，打印机支持打印的范围为 A4 大小，所以在打印的时候如果文件大于 A4，需要将文件缩小到 A4 范围之内，并且将文件移动到页面内，保证文件能够顺利地将完整图像打印出来。

### 8.1.2 布局设置

在"打印"对话框中单击"布局"标签，将打开"布局"选项卡如图 8-2 所示。

图 8-1　"打印"对话框

图 8-2　"布局"选项卡

该选项卡中的参数含义如下：

- ↘ "与文档相同"单选按钮：选择它将按图像在页面中的实际位置来打印。
- ↘ "调整到页面大小"单选按钮：选择它可调整工作区中的图像使其适合页面来打印，但不会改变图像在文件中的位置。

- ⬎ "将图像重定位到"单选按钮：选择它可重新确定图像在页面中的打印位置。
- ⬎ "页"按钮▼：当选中"将图像重定位到"单选按钮时，单击该按钮打开下拉菜单，从中可选择要设置的页面，然后在下面的数值框中可控制图像的打印位置、大小和缩放因子。
- ⬎ "打印平铺页面"复选框：勾选它可将图像分成若干区域来打印。
- ⬎ "平铺标记"复选框：勾选它可打印平铺对齐标记，以便拼合时对齐图像各部分。
- ⬎ "出血限制"复选框：用来确定图像可从裁剪标记扩展出多远。
- ⬎ "版面布局"下拉列表框：用来选择打印的版面样式。

### 8.1.3 输出到胶片

在"打印"对话框中单击"预印"标签，将打开"预印"选项卡如图 8-3 所示，该选项卡中的参数含义如下：

- ⬎ "反显"复选框：用来产生负片图像。
- ⬎ "镜像"复选框：勾选它可使底片朝下进行打印。
- ⬎ "打印文件信息"复选框：勾选它可在页面的顶部和底部打印文件信息，如颜色预置文件、半色调设置、名称、创建图像的日期和时间、图版号等。

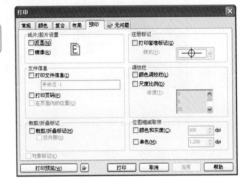

图 8-3　"预印"选项卡

- ⬎ "打印页码"复选框：勾选它可对多页文件进行自动分页。
- ⬎ "在页码内的位置"复选框：用于在页面内定位页码。
- ⬎ "裁剪/折叠标记"复选框：勾选它可打印裁剪标记。
- ⬎ "打印套准标记"复选框：勾选它可用来打印套准标记，套准标记用于对齐胶片。
- ⬎ "颜色调校栏"复选框：勾选它可在每张分色片上打印颜色刻度，用来确保精确地再现颜色。
- ⬎ "浓度"列表：勾选"尺度比例"复选框后，可用它在页面上打印 7 个由浅到深代表灰度等级的灰度条。
- ⬎ "对象标记"复选框：勾选它后，打印机标记将更改为对象标记，附着在对象周围，而不是页面的边界框。

## 8.2 合并打印

在 CorelDRAW 中，可以用文字或数据的内容来创建一个数据域，然后将这个数据域以数据域名称的方式插入到文件中，执行合并命令后，打印出来的将是数据域中列表的内容，而不是数据域名称。例如在 VI 设计中要打印许多请柬、工作证之类的文件时，就可以将姓名做成一个数据域，插入文件中并定位，以后只需修改该数据域内的列表内容就可以做成不同的请柬或工作证，而不需要每次都输入人名或调整其位置，这也是提高工作效率的方式之一。

*01* 选择菜单栏中的"文件"|"合并打印"|"创建/装入合并域"命令，打开"合并打印向导"对话框，如图 8-4 所示。

*02* 在该对话框中先确定数据域列表的来源方式，可从头创建一个新的数据源，也可选择一个现有的文件作为数据源。选择好后单击"下一步"按钮将进入下级对话框，从中再根据提示进行相关的数据域名称及数据域列表内容的设置，如图 8-5 所示的对话框，

*03* 再根据提示完成设置，最后单击"完成"按钮即可关闭该对话框，此时工作区中将弹出"合并打印"工具栏，如图 8-6 所示。

*04* 在工具栏上的"域"下拉列表框中选择数据域后，单击"插入合并打印域"按钮即可将该域名插入到文件中。

图 8-4 "合并打印向导"对话框

图 8-5 "合并打印向导"完成对话框

 专家提示

插入域名后，可像一般对象那样对其属性进行修改，也可进行简单的变形等。

图 8-6 "合并打印"工具栏

## 8.3 导入与导出文件

在实际设计工作中，常常需要配合多个图像处理软件来完成一个复杂项目的编辑，这时就需要在 CorelDRAW 中导入其他格式的图像文件，或将 CorelDRAW 图形导出为其他格式的文件，以供其他软件应用。

*01* 执行"文件"|"导入"命令或者按下 Ctrl+I 快捷键，即可弹出"导入"对话框，在文件类型下拉列表中选择需要导入的文件格式，选择好需要导入的文件，如图 8-7 所示，单击"导入"按钮，即可将选择的文件导入到 CorelDRAW 中进行编辑。

 专家提示

导入时也可将 CorelDRAW 中绘制的图形再次导入进来，进行更细致的编辑。

*02* 要将当前绘制的图形导出为其他格式，可执行"文件"|"导出"命令，快捷键 Ctrl+E。也可在标准工具栏中单击"导出"按钮 ，弹出"导出"对话框。在此对话框中设置好"保存路径"和"文件名"，并在"保存类型"

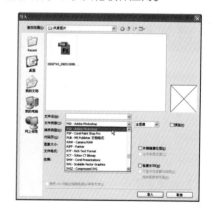

图 8-7 "导入"对话框

下拉列表中选择需要导出的文件格式，如图 8-8 所示，设置好之后，单击"导出"按钮，弹出"导出到 JPEG"对话框，在此对话框中设置好参数，如图 8-9 所示，单击"确定"按钮，即可将文件此种格式导出在指定的目录下。

图 8-8　"导出"对话框　　　　　　　　　　　图 8-9　"导出到 JPEG"对话框

**专家提示**

在导出文件时，根据所需要的文件格式来选择导出文件的保存类型，否则在此种格式的文件中，可能无法打开导入的文件。

## 8.4　CorelDRAW 与其他格式文件

CorelDRAW X5 支持导入导出的文件格式有多种，极大地提高了素材的来源范围，为创作处更好的作品提供了极大的支持。下面介绍的是几种常用的文件格式的使用特性和使用范围。

### 1．PSD 文件格式

PSD 是 Photoshop 的文件格式，可以保存图像的层、通道等很多信息，是我们在未完成图像处理任务前一种常用的图像格式。因为 PSD 格式的文件所包含的图像数据信息较多，相对于其他格式的图像文件比较大，使用这种格式储存图像修改起来比较方便，这就是 CorelDRAW 的最大优点。

### 2．AI 文件格式

AI 格式是由 Adobe 公司出品的 Adobe IIustrator 软件生成的矢量文件格式，它与 Adobe 公司出品的 Adobe Photoshop、Adobe Indesign 等图像处理和绘图软件都有比较好的兼容性。

### 3．BMP 文件格式

BMP 格式是微软公司软件的专用格式，也是常见的位图格式。它支持索引颜色、RGB、灰度和位图颜色模式，但是不支持通道。位图格式产生的文件较大，不过它是最通用的图像文件格式之一。

### 4．JPEG 文件格式

JPEG 文件支持真彩色，生成的文件比较小，也是常用的一种文件格式。它支持 CMYK、RGB 和灰度的颜色模式，但是也不支持通道。生成此格式文件时，压缩越大，图像的文件就越小，随之图像的质量就越差，所以设置压缩类型，可以产生不同大小和质量的文件。

### 5．PNG 文件格式

PNG 格式的文件主要用于替代 GIF 格式的文件。GIF 格式文件虽小，但在图像的颜色和质量上较差。PNG 格式支持 24 位图像，产生的透明背景没有锯齿边缘，产生的图像效果质量较好。

### 6．TIFF 文件格式

TIFF 格式是一种无损压缩格式，便于程序之间和计算机平台之间进行图像数据交换。此格式的文件也是应用很广泛的一种图像格式，可以在很多图形软件之间转换。它支持带通道的 CMYK、RGB 和灰度文件，还支持不带通道的 LAB、索引颜色和位图文件。除此之外，它还支持 LZW 压缩。

## 8.5 发布到 Web

在完成作品后，除了可将其打印输出外，还可以将文件导出为 HTML 网页文件和 PDF 文件，将其发布到网络。

## 8.5.1 新建 HTML 文本

HTML 文件为纯文本文件，也称为 ASCII，可以使用任何文本编辑器创建，HTML 文件是用来在 Web 浏览器上显示使用的。

执行"文件"|"导出 HTML"命令，弹出"导出 HTML"对话框，如图 8-10 所示。

"导出 HTML"对话框中的选择如下说明：

↘  "常规"标签：包含 HTML 排版方式、文件和图像的文件夹、FTP 站点和导出范围等选项。

↘  "细节"标签：包含着生成的 HTML 文件的详细情况，并且允许更改页面名和文件名，如图 8-11 所示。

↘  "图像"标签：展开所有 HTML 导出的图像，将单个对象设置为 JPEG、GIF、PNG 格式，如图 8-12 所示。单击"选项"按钮，弹出"选项"对话框，在此对话框中设置图像类型，如图 8-13 所示。

图 8-10　"导出 HTML"对话框

图 8-11　"细节"标签

图 8-12　"图像"标签

↘  "高级"标签：提供了不同需要的选项，根据需要勾选选项，如图 8-14 所示。

↘  "总结"标签：根据下载速度来显示文件的统计信息，如图 8-15 所示。

专家提示

在安装 CorelDRAW X5 时，如果没有选择支持 HTML 格式功能时，此时需要重新安装并勾选此选项。

图 8-13 "选项"对话框

图 8-14 "高级"标签

⊿ "问题"标签：显示细节、建议和提示内容，如图 8-16 所示。

图 8-15 "总结"标签

图 8-16 "问题"标签

## 8.5.2 导出到网页

在工作区中选中需要的对象，执行"文件"|"导出到网页"命令，弹出"导出到网页"对话框，如图 8-17 所示。

此对话框中的选项参数如下所：

⊿ 单击□□□□任意一个按钮，可以选择预览窗口的显示方式。

⊿ 单击一个预览窗口，可以在"预设列表中单独设置此预览窗口的输出格式效果。

⊿ 单击🖐🔍🔍任意一个按钮，可以对预览窗口中的图像分别进行平移、放大或缩小的调整。

⊿ 在数值设置区中，通过设置参数，对图像进行优化设置。

⊿ 在"速度"下拉列表中，可以选择图像所应用网格的传输速度，在预览窗口可以查看图像的在当前优化设置下所需的下载时间。

## 8.5.3 导出到 Office

在 CorelDRAW X5 中还可以将图像应用到 Office 办公文档中的输出，方便使用者导出合适的质量图像。

选中需要的对象，执行"文件"|"导出到 Office"命令，弹出"导出到 Office"对话框，如图 8-18 所示。

此对话框中的各项设置如下

⊿ 导出到：选择图像的应用类型，下拉列表中有两个选项供选择。

⊿ 图形最佳适合："兼容性"则会以基本的演示应用进行导出；"编辑"则保持图像的最高质量，方便进一步的编辑。

⊿ 优化：在下拉列表中有三个选项供选择。"演示文稿"只用于电脑屏幕上演示；"桌面打印"，用于一般打印；"商业印刷"用于出版级别。应用的级别越高，输出的图像文件越大。

图 8-17　"导出到网页"对话框　　　　　　　　　图 8-18　"导出到 Office"对话框

## 8.5.4 PDF 文件

　　PDF 文件全称为 Portable Document Format（可移动文件格式），是 Adobe 公司开发的一种文件格式。PDF 文件可以保存原始应用程序文件的字体、图像、图形及格式，只要系统中安装有能识别该文件格式的程序，如 Adobe Acrobat 和 Adobe Acrobat Reader，就能在任何操作系统中进行正常阅读，而不受操作系统的语言、字体及显示设备的影响。

　　*01* 选择菜单栏中的"文件"|"发布至 PDF"命令，打开"发布至 PDF"对话框，如图 8-19 所示。

　　*02* 在该对话框中的"PDF 样式"下拉列表框可用来选择导出 PDF 文件的格式，针对不同的样式，系统会有不同的处理方式。

　　*03* 单击"设置"按钮，将打开如图 8-20 所示的对话框，从中可对要导出的 PDF 文件进行更多设置。

图 8-19　"发布至 PDF"对话框　　　　　　　　　图 8-20　"常规"选项卡

# 第 9 章

# VI 设计

**本章重点**

◆ 教育类标志设计——萧峰小学标志

◆ VIP 卡片设计——时尚风服饰店 VIP 卡片

◆ 网站类——麦道在线标志

◆ 名片设计——策划培训师名片设计

◆ 文具类标志设计——万福文具标志

◆ 名片设计——艾米丽内衣店名片设计

◆ 烫发卡——美发店烫发卡

　　VI 是以标志、标准字、标准色为核心展开的、完整的、系统的视觉表达体系。将企业文化、企业理念、企业规模、服务内容等概念变换为符号，塑造出企业独特的形象。在本章中主要以标志设计和卡片设计为例，详细介绍其操作方法和技巧。

# 9.1 教育类标志设计——萧峰小学标志

本实例绘制的是一款小学的标志，色彩用统一的一种颜色，整体效果比较和谐。

**主要工具**：贝赛尔工具、填充工具、椭圆形工具、路径文本和轮廓笔工具

**视频文件**：avi\第 09 章\9.1.avi

➡️ 操作步骤：

### 1. 绘制图形

*01* 启动 CorelDRAW X5，执行"文件"|"新建"命令，新建一个默认为 A4 大小的空白文档。选择工具箱中的"贝塞尔工具" ，在绘图页面拖动鼠标绘制图形，如图 9-1 所示。

*02* 选择工具箱中的"形状工具" ，选中图形调整图形的形状，如图 9-2 所示。

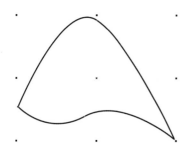

图 9-1　绘制图形

图 9-2　调整图形

图 9-3　"渐变填充"对话框

### 2. 填充颜色

*01* 选择工具箱中的"填充工具" ，在隐藏的工具组中选择"渐变填充"选项，在弹出的"渐变填充"对话框中设置颜色为从浅蓝色（C80、M0、Y0、K0）到深蓝色（C100、M80、Y0、K0）的线性渐变，如图 9-3 所示。

*02* 单击"确定"按钮，为图形填充渐变色，鼠标右键单击调色板上的 ⊠ 按钮，为图形去掉轮廓线，效果如图 9-4 所示。

*03* 运用同样的操作方法绘制高光效果，如图 9-5 所示。

*04* 运用同样的操作方法绘制其他图形，效果如图 9-6 所示。

### 3. 水平镜像

*01* 选中绘制的所有图形，按下 Ctrl+G 快捷键，将图形进行群组。按住 Ctrl 键，移动图形到合适的位置单击鼠标右键，复制图形，如图 9-7 所示。

*02* 在属性栏中单击"水平镜像"按钮 ，效果如图 9-8 所示。

图 9-4 填充渐变色

图 9-5 绘制高光图形

图 9-6 绘制其他图形

### 4. 绘制环形

*01* 选择工具箱中的"椭圆形工具" ⊙，按住 Ctrl 键，拖动鼠标绘制正圆，单击调色板上的白色色块填充颜色为白色，按下 Shift+PageDown 快捷键，将圆形放置到图层后面，如图 9-9 所示。

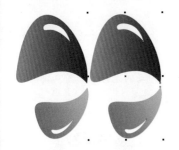
图 9-7 复制图形

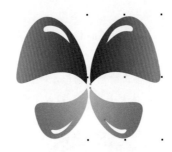
图 9-8 水平镜像

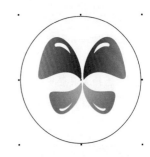
图 9-9 绘制正圆

*02* 按住 Shift 键，放大图形到合适的位置单击鼠标右键，复制正圆，调整好图层顺序，效果如图 9-10 所示。

*03* 选择工具箱中的"选择工具" ▷，按住 Shift 键，将两个正圆选中，单击属性栏中的"修剪"按钮 ⬚，效果如图 9-11 所示。

*04* 选择工具箱中的"填充工具" ◈，在隐藏的工具组中选择"渐变填充"选项，弹出的"渐变填充"对话框中，在自定义颜色中设置起点颜色为浅蓝色（C80、M0、Y0、K0），23%位置设置颜色为蓝色（C85、M19、Y0、K0），终点位置设置颜色为深蓝色（C100、M80、Y0、K0），设置角度值为270，单击"确定"按钮，为环形填充渐变色，如图 9-12 所示。

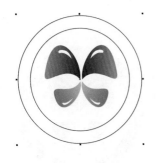
图 9-10 复制图形

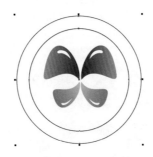
图 9-11 修剪图形

图 9-12 填充渐变色

*05* 选择工具箱中的"轮廓笔工具" ✎，在隐藏的工具组中选择"轮廓笔"选项，在弹出的"轮廓笔"对话框中设置颜色为深蓝色，宽度为 0.3mm，如图 9-13 所示。

*06* 单击"确定"按钮，为环形填充轮廓线颜色。选中小的正圆形，同样的方法为其填充轮廓线颜色，效果如图 9-14 所示。

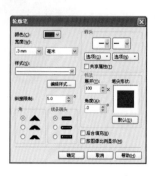

图 9-13 "轮廓笔"对话框

图 9-14 填充轮廓色

### 5. 添加路径文字

*01* 选择工具箱中的"椭圆形工具" ⊙，按住 Ctrl 键，绘制正圆，调整好大小，放置到合适的位置，如图 9-15 所示。

*02* 选择工具箱中的"文本工具" 字，单击绘制的圆形，即会在圆形上显示闪动的光标，如图 9-16 所示。

*03* 在属性栏中设置字体为"黑体"，字体大小为 18，输入字母，如图 9-17 所示。

图 9-15 绘制正圆

图 9-16 文字路径

图 9-17 输入文字

*04* 按下 Ctrl+A 快捷键，将文字选中，单击调色板上的白色色块，为文字填充颜色为白色，效果如图 9-18 所示。

*05* 选中绘制的圆形，鼠标右键单击调色板上的⊠按钮，去掉轮廓线，效果如图 9-19 所示。

*06* 运用同样的操作方法，输入其他文字，效果如图 9-20 所示。

图 9-18 填充颜色

图 9-19 去除路径曲线

图 9-20 输入其他文字

## 9.2 文具类标志设计——万福文具标志

本实例绘制的是一款文具的标志，色彩亮丽，同时鲜明地表现了行业主题，创意新颖。

主要工具：三点曲线工具、折线工具、填充工具、
轮廓笔工具和文本工具

视频文件：avi\第 09 章\9.2.avi

➡ **操作步骤：**

### 1. 绘制图形

*01* 启动 CorelDRAW X5，执行"文件"|"新建"命令，新建一个默认为 A4 大小的空白文档。选择工具箱中的"三点曲线工具" ，在绘图页面拖动鼠标绘制图形，如图 9-21 所示。

*02* 选中工具箱中的"填充工具" ，在隐藏的工具组中选择"渐变填充"选项，弹出"渐变填充"对话框，在自定义颜色中设置起点颜色为红色（C100、M100、Y0、K0），25%位置设置颜色为橘黄色（C0、M60、Y100、K0），终点位置设置颜色为黄色（C0、M0、Y100、K0），角度值设置为-90，如图 9-22 所示。

*03* 单击"确定"按钮，为图形填充渐变色，鼠标右键单击调色板上的⊠按钮，为图形去除轮廓线，效果如图 9-23 所示。

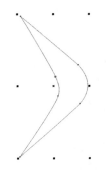

图 9-21　绘制图形　　　　图 9-22　"渐变填充"对话框　　　　图 9-23　填充渐变色

*04* 运用同样的操作方法，绘制其他图形，效果如图 9-24 所示。

*05* 选中绘制的所有图形按下 Ctrl+G 快捷键，将图形群组。选择工具箱中的"折线工具" ，在绘图页面，拖动鼠标绘制铅笔的外轮廓，如图 9-25 所示。

*06* 运用同样的操作方法绘制铅笔的棱线，如图 9-26 所示。

*07* 选择工具箱中的"填充工具" ，在隐藏的工具组中选择"渐变填充"选项，在弹出的"渐变填充"对话框中，设置颜色为从绿色（C82、M13、Y98、K0）到浅绿色（C41、M0、Y98、K0）的线性渐变，设置角度为-90，如图 9-27 所示。

*08* 单击"确定"按钮，为图形填充渐变色，如图 9-28 所示。

图 9-24　绘制图形

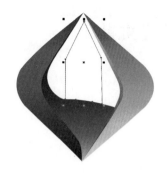

图 9-25　绘制折线

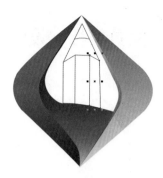

图 9-26　绘制折线

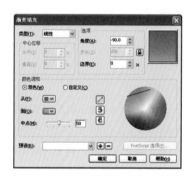

图 9-27　"渐变填充"对话框

图 9-28　填充渐变色

*09* 运用同样的操作方法，为其他图形填充渐变色，效果如图 9-29 所示。

*10* 选中绘制的铅笔图形，鼠标右键单击调色板上的 ⊠ 按钮，为铅笔去掉轮廓线，按下 Ctrl+G 快捷键，将图形群组，效果如图 9-30 所示。

图 9-29　填充渐变色

图 9-30　去除轮廓线

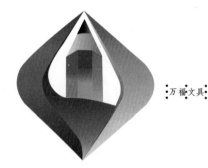

图 9-31　输入文字

### 2. 添加文字

*01* 选择工具箱中的"文本工具" 字，在绘图页面单击鼠标输入文字，如图 9-31 所示。

*02* 选择工具箱中的"选择工具" ，将输入的文字选中，在属性栏中设置字体为"方正综艺简体"，字体大小为 100，如图 9-32 所示。

*03* 单击调色板上的黄色色块为文字填充颜色为黄色，选择工具箱中的"轮廓笔工具" ，在隐藏的工具组中选择"轮廓笔"选项，在弹出的"轮廓笔"对话框中设置颜色为黑色，宽度为 3.0mm，勾选"后台填充"

选项，如图 9-33 所示。

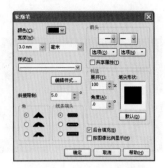

图 9-32　设置字体和大小　　　　　　　　　　　图 9-33　"轮廓笔" 对话框

*04* 单击 "确定" 按钮，为文字添加轮廓线，效果如图 9-34 所示。

*05* 执行 "排列" | "将轮廓转换为对象" 命令，选择工具箱中的 "填充工具" ，在隐藏的工具组中选择 "图样填充" 选项，在弹出的 "图样填充" 对话框中选择 "位图" 选项，在位图下拉列表中选择需要的图样，如图 9-35 所示。

图 9-34　添加轮廓线　　　　　　　　　　　　图 9-35　"图样填充" 对话框

*06* 单击 "确定" 按钮，为文字轮廓线填充图样效果，如图 9-36 所示。

*07* 运用同样的操作方法，输入其他文字，并调整好文字的位置，效果如图 9-37 所示。

图 9-36　轮廓线效果　　　　　　　　　　　　图 9-37　输入文字

# 9.3 VIP 卡片设计——时尚风服饰店 VIP 卡片

 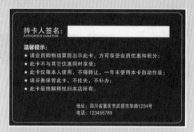

本实例绘制的是一款 VIP 卡片设计，整幅设计色调统一，同时选用颜色跟商品产生一种共鸣，让客户犹如亲临商品。

**主要工具：**矩形工具、形状工具、填充工具、轮廓笔工具和文本工具

**视频文件：**avi\第 09 章\9.3.avi

➡ **操作步骤：**

1. 绘制卡片正面

*01* 启动 CorelDRAW X5，执行"文件"|"新建"命令，新建一个默认为 A4 大小的空白文档。单击属性栏中的"横向"按钮□，改变纸张的方向。

*02* 执行"文件"|"导入"命令，导入一张素材，如图 9-38 所示。

*03* 选择工具箱中的"矩形工具"□，在绘图页面拖动鼠标绘制矩形，如图 9-39 所示。

图 9-38　导入背景素材　　　　　　　　　　　　　图 9-39　绘制矩形

*04* 选择工具箱中的"形状工具"⟨，拖动鼠标将矩形变为圆角矩形，效果如图 9-40 所示。

图 9-40　圆角矩形　　　　　　　　　　　　　　图 9-41　填充轮廓色

*05* 选择工具箱中的"选择工具"⬚，鼠标右键单击调色板上的白色色块，为圆角矩形填充轮廓色，效果如图 9-41 所示。

*06* 选择工具箱中的"文本工具"⬚，在属性栏中设置字体为"Arial"，字体大小为 24，单击鼠标输入文字，如图 9-42 所示。

*07* 选择工具箱中的"选择工具"⬚，单击调色板上的红色色块，为文字填充颜色为红色，如图 9-43 所示。

图 9-42　输入文字

图 9-43　填充颜色

*08* 双击状态栏中的"轮廓笔工具"⬚，在弹出的"轮廓笔"对话框中设置颜色为白色，宽度为 1.2mm，勾选"后台填充"选项，如图 9-44 所示。

*09* 单击"确定"按钮，为文字填充轮廓效果，如图 9-45 所示。

图 9-44　"轮廓笔"对话框

图 9-45　填充轮廓色

*10* 运用同样的操作方法，输入其他文字，效果如图 9-46 所示。

*11* 执行"文件"|"导入"命令，导入素材，调整好大小，放置到合适的位置，如图 9-47 所示。

图 9-46　输入文字

图 9-47　导入素材

**2. 绘制卡片背面**

*01* 选择工具箱中的"矩形工具" ，在绘图页面拖动鼠标绘制矩形。按下 Shift+F11 快捷键，在弹出的"均匀填充"对话框中设置颜色为深蓝色（C100、M91、Y57、K16），如图 9-48 所示。

*02* 单击"确定"按钮，为矩形填充颜色为深蓝色，效果如图 9-49 所示。

*03* 运用绘制正面的操作方法，绘制背面效果，如图 9-50 所示。

图 9-48　"均匀填充"对话框　　　　图 9-49　填充颜色　　　　图 9-50　背面效果

# 9.4 名片设计——艾米丽内衣店名片设计

本实例绘制的一款内衣店经理的名片，图案新颖、颜色明丽，整体效果给人一种温柔贴近皮肤的感觉。

**主要工具：**矩形工具、填充工具、钢笔工具、文本工具和图框精确剪裁命令

**视频文件：**avi\第 09 章\9.4.avi

➡ **操作步骤：**

**1. 绘制卡片正面**

*01* 启动 CorelDRAW X5，执行"文件"|"新建"命令，新建一个默认为 A4 大小的空白文档。

*02* 选择工具箱中的"矩形工具" ，在绘图页面拖动鼠标绘制矩形，鼠标右键单击调色板上的 80%灰色色块，填充轮廓颜色为灰色，如图 9-51 所示。

*03* 运用同样的操作方法绘制矩形，如图 9-52 所示。

*04* 选择工具箱中的"填充工具" ，在隐藏的工具组中选择"均匀填充"选项，在弹出的"均匀填充"对话框中设置颜色为粉色（C0、M70、Y0、K0），如图 9-53 所示。

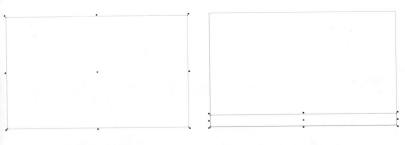

图 9-51　绘制矩形　　　　　图 9-52　绘制矩形　　　　　图 9-53　"均匀填充"对话框

*05* 单击"确定"按钮，为矩形填充颜色为粉色，鼠标右键单击调色板上的 ⊠ 按钮，去掉轮廓线，效果如图 9-54 所示。

*06* 选择工具箱中的"钢笔工具" [⬙]，在矩形中绘制图形，如图 9-55 所示。

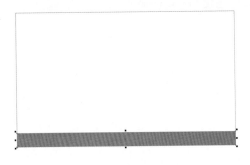
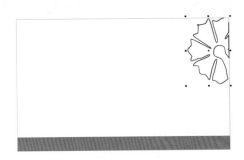

图 9-54　填充颜色　　　　　　　　　　　　　图 9-55　绘制图形

*07* 选择工具箱中的"轮廓笔工具" [⬙]，在隐藏的工具组中选择"轮廓笔"选项，在弹出的"轮廓笔"对话框中设置颜色为粉色，宽度为 0.1mm，如图 9-56 所示。

*08* 单击"确定"按钮，为图形更改轮廓线颜色，如图 9-57 所示。

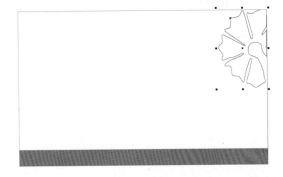

图 9-56　"轮廓笔"对话框　　　　　　　　　图 9-57　填充轮廓线

*09* 选择工具箱中的"钢笔工具" [⬙]，在矩形中绘制图形，鼠标右键单击调色板上的 ⊠ 按钮，去掉轮廓线，填充颜色为粉色，如图 9-58 所示。

*10* 运用同样的操作方法，绘制其他图形，效果如图 9-59 所示。

*11* 选择工具箱中的"文本工具" [字]，绘图页面单击鼠标输入文字，在属性栏中设置字体为"方正宋黑简体"，字体大小为 24，填充颜色为粉色，效果如图 9-60 所示。

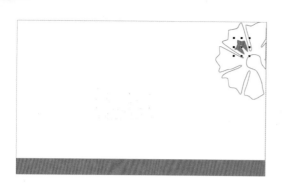

图 9-58　绘制图形

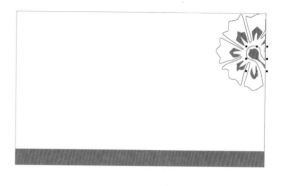

图 9-59　绘制图形

*12* 按下 Ctrl+K 快捷键，将文字打散。分别选中文字单击鼠标右键，在弹出的快捷菜单中选择"转换为曲线"选项。选择工具箱中的"形状工具" ，调整文字的形状，效果如图 9-61 所示。

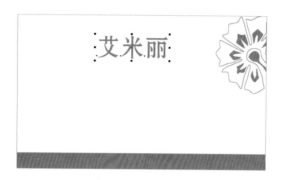

图 9-60　绘制图形

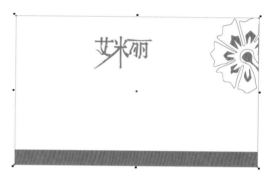

图 9-61　文字形状调整

*13* 选中"米"字，选择工具箱中的"形状工具" ，按住 Shift 键选中文字的两点，按下 Delete 键，将其删除，如图 9-62 所示。

*14* 选择工具箱中的"基本形状工具" ，在属性栏"完美形状"下拉列表中选择"心形"，拖动鼠标绘制图形，填充颜色为粉色，去掉轮廓线，并放置到合适的位置，如图 9-63 所示。

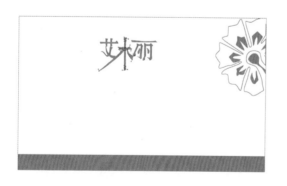

图 9-62　调整文字

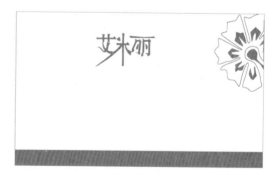

图 9-63　绘制心形

*15* 选中心形，按住 Ctrl 键拖动图形到合适的位置，单击鼠标右键，复制图形，单击属性栏中的"水平镜像"按钮 ，效果如图 9-64 所示。

*16* 运用同样的操作方法输入其他文字，效果如图 9-65 所示。

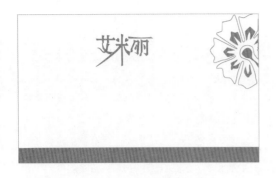

图 9-64　水平镜像

图 9-65　输入文字

## 2．绘制卡片背面

*01* 选中正面卡片的矩形进行复制，选择工具箱中的"填充工具" ，在隐藏的工具组中选择"均匀填充"选项，在弹出的"均匀填充"对话框中设置颜色为粉色（C0、M70、Y0、K0），单击"确定"按钮，效果如图9-66 所示。

*02* 运用同样的操作方法绘制图形，如图 9-67 所示。

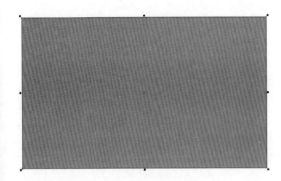

图 9-66　绘制矩形

图 9-67　绘制图形

*03* 选中绘制的图形，执行"效果"｜"图框精确剪裁"｜"放置在容器中"命令，单击矩形，调整图形的位置，效果如图 9-68 所示。

*04* 运用绘制正面的操作方法，绘制背面，效果如图 9-69 所示。

图 9-68　绘制矩形

图 9-69　名片背面效果

## 9.5 网站类——麦道在线标志

本实例只用了橙色和蓝色，对比强烈而集中，让人印象深刻。

**主要工具：** 交互式透明工具、贝塞尔工具

**视频文件：** avi\第 09 章\9.5.avi

➡️ 制作提示：

*01* 构思标志操作流程；

*02* 新建大小为 A4 的空白文档，改变纸张方向；

*03* 首先在绘图页面运用"矩形工具"绘制图形轮廓，再运用"移去前面对象"完善图形；

*04* 运用"贝赛尔工具"绘制立体和高光图形，再运用"交互式透明工具"制作出透明效果；

*05* 复制绘制的图形，使其"垂直镜像"，添加透明效果，绘制出倒影效果；

*06* 运用"文本工具"输入文字。

*07* 保存文件。

## 9.6 烫发卡——美发店烫发卡

本实例是一款烫发卡，整幅画面色彩亮丽，给人时尚的感觉，非常醒目。

**主要工具：** 文本工具、图框精确剪裁命令

**视频文件：** avi\第 09 章\9.6.avi

➡️ 制作提示：

*01* 构思卡片的操作流程；

*02* 新建大小为 A4 的空白文档，改变纸张方向；

*03* 在绘图页面运用"矩形工具"绘制卡片的大小；

*04* 运用"导入"命令将素材导入到绘图页面，再执行"放置在容器中"命令，将素材放置到矩形中；

*05* 运用"文本工具"输入文字,复制文字并填充不同颜色,绘制图形,将复制文字放置到图形中,完成绘制;

*06* 保存文件。

## 9.7 名片设计——策划培训师名片设计

本实例制作是一款策划培训师个人名片,图案新颖、颜色明丽。

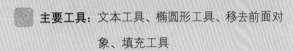

**主要工具:** 文本工具、椭圆形工具、移去前面对象、填充工具

**视频文件:** avi\第 09 章\9.7.avi

➡ **制作提示:**

*01* 构思卡片的操作流程;

*02* 新建大小为 A4 的空白文档;

*03* 在绘图页面运用"矩形工具"绘制卡片的大小;

*04* 运用"椭圆形工具"工具,绘制椭圆形,复制圆形,再单击属性栏中的"移去前面对象"按钮,绘制环形,复制图形;

*05* 绘制箭头形状并填充颜色;

*06* 运用"文本工具"输入文字;

*07* 保存文件。

# 第 10 章

# 插画设计

**本章重点**

◆ 卡通类插画——快乐周末插画　　◆ 时尚类插画——花儿少女插画

◆ 水晶文字——3.15 迎春文字　　◆ 立体文字——三人篮球

◆ 装饰画类——时尚百合花纹　　◆ 卡通类——可爱娃娃

◆ 立体文字——冬季购物海报

　　插画设计是艺术的另一种表现方式，插画设计是艺术潮流的一种新形势。现代插画艺术发展迅速，已经广泛应用于书刊、杂志、周刊、海报、广告、包装和纺织品领域。使用 CorelDRAW 绘制的矢量插画简洁明快、独特新颖，表现形式多样，已经成为最流行的插画种类。

# 10.1 卡通类插画——快乐周末插画

本实例绘制的是一款快乐周末的插画，背景清新而又不失亮丽，主体造型夸张、表情生动，让人过目不忘。

主要工具：折线工具、三点曲线工具、填充工具、轮廓笔工具和文本工具

视频文件：avi\第 10 章\10.1.avi

## 操作步骤：

### 1. 绘制帽子

*01* 启动 CorelDRAW X5，执行"文件"|"新建"命令，新建一个默认为 A4 大小的空白文档。

*02* 选择工具箱中的"折线工具" ，绘制帽子边缘，如图 10-1 所示。

*03* 选择工具箱中的"三点曲线工具" ，绘制帽子内部纹路，如图 10-2 所示。

*04* 按下 Shift+F11 快捷键，在弹出的"均匀填充"对话框中，这只颜色为玫瑰红色（C5、M97、Y0、K0），如图 10-3 所示。

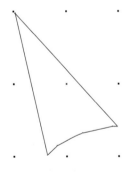

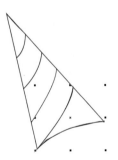

图 10-1　绘制帽子边缘　　　　图 10-2　填充颜色　　　　图 10-3　"均匀填充"对话框

*05* 单击"确定"按钮，为图形填充颜色，如图 10-4 所示。

*06* 单击状态栏中的"轮廓笔工具" ，弹出"轮廓笔"对话框，在此对话框中设置颜色为棕色（C64、M100、Y62、K42），宽度为 1.0mm，如图 10-5 所示。单击"确定"按钮，为图形填充轮廓效果，如图 10-6 所示。

*07* 运用同样的操作方法为其他图形填充颜色，效果如图 10-7 所示。

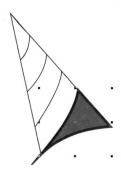

图 10-4 填充颜色 图 10-5 "轮廓笔"对话框 图 10-6 添加轮廓色

*08* 选择工具箱中的"折线工具" ，绘制图形，单击调色板上的白色色块，填充颜色为白色，鼠标右键单击调色板上的⊠按钮，去掉轮廓线，效果如图 10-8 所示。

*09* 选择工具箱中的"交互式透明工具" ，在绘图页面拖动鼠标绘制透明效果，如图 10-9 所示。

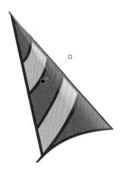

图 10-7 填充颜色 图 10-8 添加轮廓色 图 10-9 绘制高光

*10* 运用同样的操作方法，绘制其他图形，如图 10-10 所示。

### 2. 绘制脸部和头发

*01* 运用上述操作方法，选择工具箱中的"三点曲线工具" ，在绘图页面拖动鼠标绘制头发，并填充颜色，如图 10-11 所示。

*02* 选择工具箱中的"椭圆形工具" ，在绘图页面拖动鼠标绘制眼睛图形，填充颜色为白色，在属性栏中设置轮廓线为 0.1mm。绘制瞳孔，填充颜色为黑色，如图 10-12 所示。

图 10-10 绘制图形 图 10-11 绘制图形 图 10-12 绘制眼睛

*03* 选择工具箱中的"艺术笔工具" ，在"预设笔触"下拉列表中选择需要的笔触，绘制眉毛和睫毛，如图 10-13 所示。

*04* 选择工具箱中的"三点曲线工具"，绘制两条曲线，按住 Shift 键，将两条曲线选中，单击属性栏中的"合并"按钮，如图 10-14 所示。

*05* 运用上述操作方法，为图形填充颜色并填充轮廓线颜色，效果如图 10-15 所示。

图 10-13　绘制眉毛和睫毛　　　　　图 10-14　绘制脸形　　　　　图 10-15　填充颜色

*06* 按下 Shift+PageDown 快捷键，将图形放置到图层后面，效果如图 10-16 所示。

*07* 运用同样的操作方，绘制嘴和舌头，效果如图 10-17 所示。

### 3．绘制身体

*01* 运用同样的操作方法绘制身体的图形，如图 10-18 所示。

图 10-16　调整图层顺序　　　　　图 10-17　绘制嘴巴　　　　　图 10-18　绘制身体

*02* 选择工具箱中的"椭圆形工具" ，拖动鼠标绘制阴影图形，填充颜色为灰蓝色（C37、M27、Y24、K8），去掉轮廓线，调整好图层顺序，效果如图 10-19 所示。

### 4．绘制背景效果

*01* 选择工具箱中的"矩形工具" ，拖动鼠标绘制矩形。选择工具箱中的"形状工具" ，绘制圆角矩形，填充颜色为粉色（C4、M42、Y3、K0），去掉轮廓线，效果如图 10-20 所示。

*02* 按下 Shift+PageDown 快捷键，调整好图层顺序，效果如图 10-21 所示。

图 10-19　绘制阴影　　　　　　　　　图 10-20　绘制圆角矩形　　　　　　　图 10-21　调整图层

*03* 选择工具箱中的"文本工具" 字，在属性栏中设置字体为"Rosewood Std Regular"，字体大小设置为 75，在页面单击鼠标，输入文字，填充颜色为粉色（C27、M85、Y33、K15），如图 10-22 所示。

*04* 按下 Ctrl+K 快捷键将文字打散，分别调整文字的位置，效果如图 10-23 所示。

图 10-22　输入文字　　　　　　　　　　　　　　　图 10-23　调整文字位置

## [10.2] 时尚类插画——花儿少女插画

本实例绘制的是一款花儿少女的插画，画面色彩丰富，以花为主题色，给人一种优美、清新的感觉，且人物表情带来一种享受的放松感。

**主要工具：** 贝赛尔工具、三点曲线工具、钢笔工具、艺术笔工具和填充工具

**视频文件：** avi\第 10 章\10.2.avi

➡ 操作步骤：

**1. 绘制帽子**

*01* 启动 CorelDRAW X5，执行"文件"|"新建"命令，新建一个默认为 A4 大小的空白文档。

*02* 选择工具箱中的"贝赛尔工具" ，在绘图页面拖动鼠标绘制曲线，如图 10-24 所示。

*03* 选择工具箱中的"填充工具" ，在隐藏的工具组中选择"均匀填充"选项，在弹出的"均匀填充"对话框中设置颜色为蓝色（C73、M58、Y7、K0），如图 10-25 所示。

*04* 单击"确定"按钮，为绘制的曲线填充颜色，如图 10-26 所示。

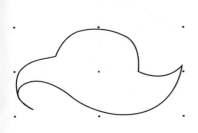

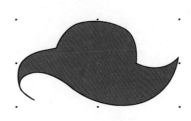

图 10-24　绘制曲线　　　　　图 10-25　"均匀填充"对话框　　　　　图 10-26　填充颜色

*05* 双击状态栏中的"轮廓笔工具" ，弹出"轮廓笔"对话框，在此对话框中设置颜色为棕色（C71、M88、Y99、K68），宽度设置为 0.4mm，如图 10-27 所示。

*06* 单击"确定"按钮，为图形填充轮廓线颜色，效果如图 10-28 所示。

*07* 运用同样的操作方法，绘制图形，鼠标右键单击调色板上的☒按钮，去掉轮廓线，如图 10-29 所示。

图 10-27　"轮廓笔"对话框　　　　　图 10-28　填充轮廓线颜色　　　　　图 10-29　绘制图形

*08* 选择工具箱中的"三点曲线工具" ，拖动鼠标绘制曲线，如图 10-30 所示。

*09* 运用同样的操作方法，为轮廓线填充颜色为棕色，更改宽度为 0.4mm，执行"文件"|"导入"命令，导入一张素材，调整好大小放置到合适的位置，如图 10-31 所示。

**2. 绘制面部和头发**

*01* 选择工具箱中的"三点曲线工具" ，绘制脸部图形，并填充颜色为肉色（C0、M49、Y49、K0），填充轮廓色为棕色，宽度为 0.3mm，效果如图 10-32 所示。

*02* 运用同样的操作方法，绘制头发，选择工具箱中的"填充工具" ，在隐藏的工具中选择"渐变填充"

选项，在弹出的"渐变填充"对话框中设置颜色为从橘红色（C0、M85、Y100、K0）到橘黄色（C0、M71、Y100、K0）的线性渐变，如图 10-33 所示。

图 10-30　绘制曲线

图 10-31　填充轮廓线效果

图 10-32　绘制图形

*03* 单击"确定"按钮，为图形填充渐变色，并设置轮廓线为棕色，宽度为 0.33mm，如图 10-34 所示。

*04* 选择工具箱中的"钢笔工具" ![pen]，绘制曲线，设置轮廓色为棕色，如图 10-35 所示。

图 10-33　"渐变填充"对话框

图 10-34　填充渐变色

图 10-35　绘制曲线

*05* 运用同样的操作方法，绘制头发图形，并调整好图层顺序，如图 10-36 所示。

*06* 运用同样的操作方法绘制嘴巴，再选择工具箱中的"椭圆形工具" ![ellipse]，绘制腮红的效果，调整好图层，效果如图 10-37 所示。

图 10-36　绘制头发

图 10-37　绘制嘴巴和腮红

图 10-38　绘制眉毛和睫毛

*07* 选择工具箱中的"艺术笔工具" ![art]，在属性栏"预设笔触"下拉列表中选择合适的笔触，绘制眉毛和睫毛，效果如图 10-38 所示。

### 3．绘制身体和背景

*01* 运用同样的操作方法，绘制少女身体，如图 10-39 所示。

02 选中绘制的图形，按下 Ctrl+G 快捷键，将图形群组。选择工具箱中的"矩形工具" ，在页面绘制矩形。选择工具箱中的"填充工具" ，在隐藏的工具组中选择"图样填充"选项，在弹出的"图样填充"对话框中选择"全色"选项，在"全色"下拉列表中选择合适的图样，如图 10-40 所示。

图 10-39　绘制身体

图 10-40　"图样填充"对话框

03 单击"确定"按钮，为矩形填充图案，如图 10-41 所示。

04 按下 Ctrl+PageDown 快捷键，调整好图层顺序，鼠标右键单击调色板上的 40% 灰色色块，为矩形填充轮廓色，效果如图 10-42 所示。

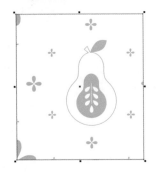

图 10-41　填充图案

图 10-42　最终效果

## 10.3　水晶文字——3.15 迎春文字

文字是准确传达信息的最好图形元素之一，通常设计者都是从文字的"义"、"形"进行创意设计，使其产生更加丰富的视觉效果。

**主要工具：** 文本工具、交互式阴影工具、交互式立体化工具、交互式透明工具、填充工具和三点曲线工具

**视频文件：** avi\第 10 章\10.3.avi

➡️ 操作步骤：

### 1. 绘制文字

*01* 启动 CorelDRAW X5，执行"文件"|"新建"命令，新建一个默认为 A4 大小的空白文档。

*02* 执行"文件"|"导入"命令，导入一张素材，调整好大小，放置到合适的位置，如图 10-43 所示。

*03* 选择工具箱中的"文本工具" 字，在属性栏中设置字体为"黑体"，字体大小为 72，在绘图页面单击鼠标，输入文字，如图 10-44 所示。

*04* 按下 Ctrl+K 快捷键，将文字打散，如图 10-45 所示。

图 10-43　导入素材　　　　　　　图 10-44　输入文字　　　　　　　图 10-45　打散文字

*05* 选择工具箱中的"选择工具" ▯，分别选中文字，对文字大小和角度进行调整，放置到合适的位置，效果如图 10-46 所示。

*06* 选中所有文字，按下 Ctrl+G 快捷键，将文字群组，单击调色板上的白色色块，填充颜色为白色，如图 10-47 所示。

### 2. 添加效果

*01* 选择工具箱中的"交互式阴影工具" ▯，在文字上拖动鼠标绘制出阴影效果，在属性栏中设置阴影的不透明度为 75，羽化值为 5，在阴影颜色中选择绿色（C100、M50、Y100、K0），如图 10-48 所示。

图 10-46　调整文字　　　　　　　图 10-47　填充颜色　　　　　　　图 10-48　绘制阴影

*02* 选择工具箱中的"选择工具" ，选中文字，拖动文字到合适的位置单击鼠标右键，复制文字，如图 10-49 所示。

*03* 选择工具箱中的"填充工具" ，在隐藏的工具组中选择"渐变填充"选项，在自定义颜色中，设置起点位置颜色为红色（C0、M100、Y0、K0），52%位置设置颜色为橘黄色（C0、M60、Y100、K0），终点位置设置颜色为红色（C0、M100、Y100、K0），角度设置为 90，如图 10-50 所示。

*04* 单击"确定"按钮，为复制的文字填充渐变色，效果如图 10-51 所示。

图 10-49　复制文字　　　　　　　图 10-50　"渐变填充"对话框　　　　　　　图 10-51　填充渐变色

*05* 复制文字，如图 10-52 所示。

*06* 按下 Ctrl+U 快捷键，将文字取消群组，选中文字"3"，选择工具箱中的"交互式立体化工具" ，拖动鼠标绘制立体效果，在属性栏类型下拉列表中，选择 类型，调整好效果，如图 10-53 所示。

*07* 在属性栏中单击"立体化颜色"按钮 ，在下拉列表中单击"使用递减的颜色"按钮 ，设置颜色为从紫色（C0、M100、Y0、K50）到灰色（C84、M82、Y65、K45）的递减色，效果如图 10-54 所示。

图 10-52　复制文字　　　　　　　图 10-53　添加立体效果　　　　　　　图 10-54　设置立体色

*08* 运用同样的操作方法，对其他文字添加立体效果，如图 10-55 所示。

*09* 选中文字，将文字移动到合适的位置，按下 Ctrl+PageDown 快捷键，调整图层位置，如图 10-56 所示。

*10* 选中最上面一层的文字，调整好位置，如图 10-57 所示。

图 10-55　添加立体效果

图 10-56　调整图层顺序

*11* 按下 Ctrl+U 快捷键，将文字取消群组，按住 Shift 键，将"迎"和"春"字选中，选择工具箱中的"填充工具" ，在隐藏的工具组中选择"渐变填充"选项，在弹出"渐变填充"对话框，设置颜色为从黄色（C20、M0、Y100、K0）到绿色（C100、M0、Y100、K0）的线性渐变，设置角度为 94.6，如图 10-58 所示。

图 10-57　调整位置

图 10-58　"渐变填充"对话框

*12* 单击"确定"按钮，为文字填充渐变色，效果如图 10-59 所示。

*13* 选中"春"字，按下 F11 键，弹出"渐变填充"对话框，设置角度为-94.6，单击"确定"按钮，效果如图 10-60 所示。

*14* 运用同样的操作方法对文字添加立体效果，并调整好大小和位置，如图 10-61 所示。

图 10-59　填充渐变色

图 10-60　填充渐变色

图 10-61　调整文字

*15* 选中"春"字，复制文字，单击调色板上的黄色色块，为复制文字填充颜色为黄色，如图 10-62 所示。

*16* 选择工具箱中的"交互式透明工具" ，拖动鼠标绘制透明，绘制透明效果，如图 10-63 所示。

*17* 运用同样的操作方法，对文字"迎"添加同样的效果，如图 10-64 所示。

图 10-62　复制文字　　　　　　图 10-63　添加透明效果　　　　　图 10-64　添加透明效果

### 3. 绘制高光

*01* 选择工具箱中的"三点曲线工具" ，沿着文字，绘制图形，如图 10-65 所示。

*02* 单击调色板上的白色色块，为图形填充颜色为白色，鼠标右键单击调色板上的 ⊠ 按钮，去掉轮廓线，效果如图 10-66 所示。

*03* 选择工具箱中的"交互式透明工具" ，拖动鼠标绘制透明效果，如图 10-67 所示。

图 10-65　绘制图形　　　　　　图 10-66　填充颜色　　　　　　图 10-67　添加透明效果

*04* 运用同样的操作方法，绘制高光效果，如图 10-68 所示。

*05* 执行"文件"|"导入"命令，将星星素材导入进来，调整好大小，放置到合适的位置，效果如图 10-69 所示。

图 10-68　绘制高光　　　　　　　　　　　图 10-69　导入素材

## 10.4 立体文字——三人篮球

文字是人们信息交流的载体，随着社会的发展，人们在阅读、浏览文字时，不仅仅希望获得所需的信息，还会注重视觉上的表现形式，从中获得美感。

**主要工具：** 文本工具、填充工具、交互式立体化工具和交互式封套工具

**视频文件：** avi\第 10 章\10.4.avi

### ➡ 操作步骤：

1. **添加文字**

*01* 启动 CorelDRAW X5，执行"文件"|"新建"命令，新建一个默认为 A4 大小的空白文档。

*02* 执行"文件"|"导入"命令，导入一张素材，如图 10-70 所示。

*03* 选择工具箱中的"文本工具" 字，在绘图页面单击鼠标，输入文字，如图 10-71 所示。

*04* 按下 Ctrl+A 快捷键，将文字选中，在属性栏中设置字体为"方正超粗简体"，字体大小设置为 120，如图 10-72 所示。

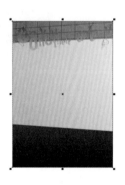

图 10-70 导入素材

图 10-71 输入文字

图 10-72 设置字体

2. **填充渐变色**

*01* 选择工具箱中的"选择工具" ，单击文字将文字选中。选择工具箱中的"填充工具" ，在隐藏的工具组中选择"渐变填充"选项，弹出"渐变填充"对话框，在自定义颜色中设置起点位置颜色为红色（C0、M100、Y100、K0），49%位置设置颜色为橘黄色（C0、M60、Y100、K0），终点位置设置颜色为黄色（C0、M0、Y100、K0），角度设置为 90，如图 10-73 所示。

*02* 单击"确定"按钮，为文字填充渐变色，效果如图 10-74 所示。

*03* 选中文字，拖动文字到合适的位置单击鼠标右键，复制文字，单击调色板上的白色色块，填充颜色为白色，如图 10-75 所示。

图 10-73　"渐变填充"对话框

图 10-74　填充渐变色

图 10-75　复制文字

*04* 按下 Ctrl+PageDown 快捷键，调整图层，并放置到合适的位置，效果如图 10-76 所示。

*05* 同样的操作方法，复制文字，填充颜色为红色，调整图层，效果如图 10-77 所示。

### 3．添加立体效果

*01* 选中红色的文字，选择工具箱中的"交互式立体化工具" 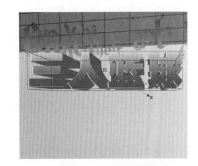 ，在绘图页面拖动鼠标绘制立体效果，如图 10-78 所示。

图 10-76　调整图层

图 10-77　复制文字

图 10-78　绘制立体效

*02* 在属性栏立体化类型下拉列表中选择 类型，单击"立体化颜色"按钮 ，在下拉列表中单击"使用纯色"按钮 ，选择黑色，效果如图 10-79 所示。

### 4．添加变形效果

*01* 选择工具箱中的"选择工具" ，将所有文字选中，按下 Ctrl+G 快捷键，将文字群组。选择工具箱中的"交互式封套工具" ，在文字周围出现虚线框，如图 10-80 所示。

*02* 在虚线框上按下并拖动鼠标，绘制变形效果，如图 10-81 所示。

图 10-79　立体化颜色

图 10-80　交互式封套工具

图 10-81　变形效果

*03* 选择工具箱中的"选择工具" ，调整文字的大小，放置到合适的位置，选择工具箱中的"三点曲线工具" ，拖动鼠标绘制图形，如图 10-82 所示。

*04* 单击调色板上的黄色色块，为图形填充颜色为黄色，鼠标右键单价调色板上的 按钮，去掉轮廓线，如图 10-83 所示。

*05* 选择工具箱中的"交互式透明工具" ，拖动鼠标绘制透明效果，如图 10-84 所示。

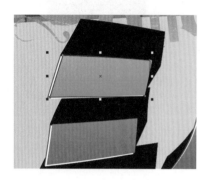

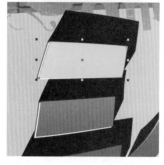
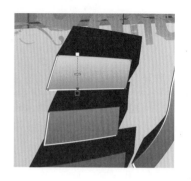

图 10-82　绘制图形　　　　　　　　图 10-83　填充颜色　　　　　　　　图 10-84　透明效果

*06* 运用同样的操作方法绘制其他图形，如图 10-85 所示。

*07* 选择工具箱中的"文本工具" ，在属性栏中设置字体为"vineta BT"，字体大小设置为 40，在绘图页面单击鼠标输入文字，如图 10-86 所示。

*08* 单击调色板上的白色色块为文字为白色，如图 10-87 所示。

图 10-85　绘制图形　　　　　　　　图 10-86　输入文字　　　　　　　　图 10-87　填充颜色

*09* 选中文字，移动到合适的位置单击鼠标右键，复制文字，单击调色板上的蓝色色块为复制文字填充颜色，如图 10-88 所示。

*10* 同样的操作方法，复制文字并填充颜色，调整好图层顺序，效果如图 10-89 所示。

*11* 选中绘制的字母和复制的字母，按下 Ctrl+G 快捷键，将文字群组。选择工具箱中的"交互式封套工具" ，调整文字的形状，将文字放置到合适的位置，如图 10-90 所示。

图 10-88 复制文字

图 10-89 复制文字

图 10-90 调整文字形状

*12* 执行"文件"|"导入"命令，导入一张素材，放置到合适的位置，调整好图层顺序，效果如图 10-91 所示。

*13* 运用同样的操作方法，将素材导入进来，如图 10-92 所示。

### 5. 添加文字

*01* 选择工具箱中的"矩形工具" ▢，拖动鼠标在绘图页面绘制矩形，如图 10-93 所示。

图 10-91 导入素材

图 10-92 导入素材

图 10-93 绘制矩形

*02* 选择工具箱中的"形状工具" ⬚，将鼠标放置到矩形的顶点上，拖动鼠标绘制圆角矩形，如图 10-94 所示。

*03* 选择工具箱中的"选择工具" ⬚，单击调色板上的白色色块，为矩形填充颜色为白色，鼠标右键单击调色板上的70%灰，为轮廓线填充颜色为灰色，如图 10-95 所示。

*04* 选择工具箱中的"文本工具" 字，在绘图页面拖动鼠标绘制文本框，输入文字，选中文字改变文字的大小和字体，效果如图 10-96 所示。

图 10-94　绘制圆角矩形

图 10-95　填充颜色

图 10-96　输入文字

*05* 选中文字，复制文字，调整大小，放置到合适的位置，效果如图 10-97 所示。

### 6.　绘制图形

*01* 选择工具箱中的"椭圆形工具" ，按住 Ctrl 键，在绘图页面拖动鼠标，绘制正圆，按下 Shift+F11 快捷键，弹出"均匀填充"对话框，在"均匀填充"对话框中设置颜色为黄色（C0、M20、Y60、K20），单击"确定"按钮，为圆形填充颜色，去掉轮廓线，效果如图 10-98 所示。

*02* 选择工具箱中的"文本工具" 字，运用同样的操作方法，绘制文字效果，如图 10-99 所示。

图 10-97　复制文字

图 10-98　绘制正圆

图 10-99　文字效果

*03* 选择工具箱中的"两点直线工具" ，在圆形上拖动鼠标绘制直线，如图 10-100 所示。

*04* 鼠标右键单击调色板上的白色色块，为直线填充颜色为白色，在属性栏宽度下拉列表中选择 0.5mm，效果如图 10-101 所示。

*05* 选中直线，拖动鼠标到合适的位置单击鼠标右键，复制直线，效果如图 10-102 所示。

*06* 执行"文件"|"导入"命令，将星星素材导入到绘图页面，调整好大小，放置到合适的位置，效果如图 10-103 所示。

图 10-100　绘制直线

图 10-101　填充轮廓线

图 10-102　复制直线

图 10-103　导入素材

## 10.5 装饰画类——时尚百合花纹

本实例绘制了一款百合纹样，色调优雅清新，令人心情舒畅。

🔖 **主要工具：** 椭圆形工具、三点曲线工具

⏻ **视频文件：** avi\第 10 章\10.5.avi

➡ **制作提示：**

*01* 构思图形的操作流程；

*02* 新建大小为 A4 的空白文档；

*03* 首先在绘图页面运用"椭圆形工具"绘制圆形，再运用"合并"完善图形，绘制环形，复制环形；

*04* 运用"三点曲线工具"绘制花纹图形，添加装饰；

*05* 导入素材，放置到合适的位置，完成绘制；保存文件。

# 10.6 卡通类——可爱娃娃

本实例绘制一款可爱娃娃插画，背景朴素对娃娃服饰和年龄的衬托，同时还体现着娃娃内心的纯洁，娃娃造型可爱，表情生动，充分展现出童年娃娃的单纯和好奇。

**主要工具**：椭圆形工具、填充工具、三点曲线工具

**视频文件**：avi\第 10 章\10.6.avi

➡ 制作提示：

*01* 构思图形的操作流程；

*02* 新建大小为 A4 的空白文档；

*03* 首先在绘图页面运用"椭圆形工具"绘制圆形，再镜像复制圆形，完成脑袋的绘制；

*04* 运用"三点曲线工具"绘制身体上身，再绘制胳膊和腿，将其镜像复制；

*05* 运用"填充工具"填充不同的颜色，完成可爱娃娃的绘制；保存文件。

# 10.7 立体文字——冬季购物海报

本实例制作冬季购物海报，实例以橙色为主色调，给人温暖的感觉，述说着冬季的缤纷故事。

**主要工具**：文本工具、交互式调和工具、导入命令

**视频文件**：avi\第 10 章\10.7.avi

➡ 制作提示：

*01* 构思海报的操作流程；

*02* 新建大小为 A4 的空白文档，改变纸张方向；

*03* 导入背景素材；

*04* 运用"椭圆形工具"绘制椭圆形，并运用"交互式透明工具"添加高光效果；

*05* 运用"文本工具"输入文字，填充渐变色，复制两次文字，分别填充颜色为橘红色和黑色；

*06* 运用"交互式调和工具"将复制的两个文字层添加调和效果，再将渐变文字放置到合适的位置，完成海报的绘制；保存文件。

# 第 11 章

# 海报设计

**本章重点**

　　海报设计是呈于现实生活中的一种视觉表达形式，个性张扬又具创意，还有时代的象征意义。海报是融于生活的，它可以让人们对生活赋予艺术与哲学的内涵。

## 11.1 食品类海报——蛋挞宣传海报

本实例绘制的是一款蛋挞的宣传海报，广告采用黄绿色作为主色调，食品图片直接表明主题，色泽诱人，能起到极佳的促销效果。

**主要工具：** 矩形工具、贝赛尔工具、三点曲线工具、交互式透明工具和文本工具

**视频文件：** avi\第 11 章\11.1.avi

➡️ **操作步骤：**

### 1. 绘制海报背景

*01* 启动 CorelDRAW X5，执行"文件"|"新建"命令，新建一个默认为 A4 大小的空白文档。

*02* 选择工具箱中的"矩形工具" ▢，在绘图页面拖动鼠标绘制矩形，如图 11-1 所示。

*03* 选择工具箱中的"填充工具" ◈，在隐藏的工具组中选择"渐变填充"对话框，在弹出的"渐变填充"对话框中设置颜色为从浅绿色（C40、M0、Y100、K0）到浅黄色（C0、M0、Y70、K0）的线性渐变，角度设置为 270，如图 11-2 所示。

*04* 单击"确定"按钮，为矩形填充渐变色，鼠标右键打击调色板上的⊠按钮，去掉轮廓线，效果如图 11-3 所示。

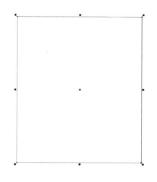

图 11-1 绘制矩形

图 11-2 "渐变填充"对话框

图 11-3 填充渐变色

*05* 选择工具箱中的"贝赛尔工具" ✎，在绘图页面拖动鼠标绘制图形，如图 11-4 所示。

*06* 运用同样的操作方法为图形填充颜色为从浅绿色到浅黄色的线性渐变，角度为 0，去掉轮廓线，如图 11-5 所示。

*07* 复制图形，选择工具箱中的"轮廓笔工具" ✎，在隐藏的工具组中选择"轮廓笔"选项，在弹出的轮廓笔对话框中设置宽度为细线，颜色为浅绿色（C50、M0、Y100、K0），如图 11-6 所示。

*08* 单击"确定"按钮，为图形填充轮廓线，鼠标左键单击调色板上的⊠按钮，去掉填充色，如图 11-7 所示。

图 11-4 绘制图形

图 11-5 填充渐变色

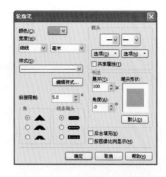

图 11-6 "轮廓笔"对话框

**09** 按下 F11 快捷键，弹出"渐变填充"对话框，在自定义颜色中设置起点颜色为浅黄色颜色为浅黄色，50%位置设置颜色也为浅黄色，58%位置设置颜色为浅绿色，终点位置设置颜色也为浅绿色，单击"确定"按钮，效果如图 11-8 所示。

**10** 选择工具箱中的"矩形工具" ，拖动鼠标绘制矩形，单击调色板上的红色色块，填充颜色为红色，去掉轮廓线，效果如图 11-9 所示。

图 11-7 填充轮廓线

图 11-8 填充渐变色

图 11-9 绘制矩形

**11** 选择工具箱中的"椭圆形工具" ，按住 Ctrl 键拖动鼠标绘制正圆，按下 Shift+F11 快捷键，弹出"均匀填充"对话框，在此对话框中设置颜色为绿色（C75、M0、Y100、K0），如图 11-10 所示。

**12** 单击"确定"按钮，为正圆填充颜色为绿色，去掉轮廓线，效果如图 11-11 所示。

**13** 选择工具箱中的"交互式透明工具" ，在属性栏透明度类型下拉列表中选择"标准"选项，效果如图 11-12 所示。

图 11-10 "均匀填充"对话框

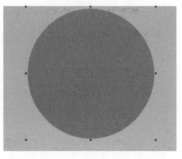

图 11-11 填充颜色

图 11-12 添加透明效果

*14* 运用同样的操作方法，绘制正圆，填充颜色为浅绿色（C50、M0、Y100、K0），添加标准透明效果，如图 11-13 所示。

*15* 运用同样的操作方法，绘制正圆，单击调色板中的黄色色块，填充颜色为黄色，添加标准透明效果，如图 11-14 所示。

*16* 选择工具箱中的"选择工具" ，分别选中正圆进行多个复制，效果如图 11-15 所示。

图 11-13　绘制正圆

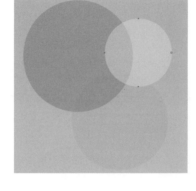
图 11-14　绘制正圆

图 11-15　复制圆形

### 2. 设计海报主体

*01* 选中绘制的所有圆形按下 Ctrl+G 快捷键，将其群组。执行"文件"|"导入"命令，导入一张素材，如图 11-16 所示。

*02* 执行"排列"|"顺序"|"置于此对象后"命令，光标变为 ，如图 11-17 所示。

*03* 在绘制的图形上单击鼠标，将素材放置到其后，调整好素材的位置，如图 11-18 所示。

图 11-16　导入素材

图 11-17　调整图层顺序

图 11-18　调整好图层顺序

*04* 运用同样的操作方法，将绘制的圆形放置到素材后面，效果如图 11-19 所示。

*05* 选择工具箱中的"三点曲线工具" ，在绘图页面拖动鼠标绘制图形，如图 11-20 所示。

*06* 双击状态栏中的"轮廓笔工具" ，弹出"轮廓笔"对话框，在此对话框中设置宽度为 3.5mm。颜色设置为绿色（C90、M30、Y95、K30），如图 11-21 所示。

*07* 单击"确定"按钮，为图形添加轮廓效果，如图 11-22 所示。

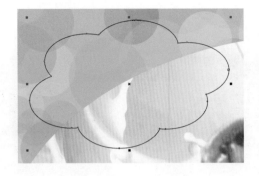

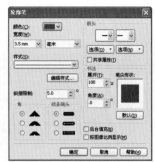

图 11-19  调整图层顺序          图 11-20   绘制图形          图 11-21    "轮廓笔"对话框

**08** 按下 F11 快捷键，弹出"渐变填充"对话框， 在此对话框中设置颜色为从浅绿色（C40、M0、Y100、K0）到浅黄色（C0、M0、Y70、K0）的线性渐变，如图 11-23 所示。

**09** 单击"确定"按钮，为图形填充渐变色，效果如图 11-24 所示。

图 11-22   添加轮廓线效果          图 11-23    "渐变填充"对话框          图 11-24   填充渐变色

**10** 选中图形按住 Shift 键缩小图形到合适的位置，单击鼠标右键，复制图形，填充颜色为白色，去掉轮廓线，效果如图 11-25 所示。

**11** 选择工具箱中的"两点直线工具" ，在绘图页面拖动鼠标绘制直线，设置轮廓线为绿色，宽度为 1.8mm，如图 11-26 所示。

### 3. 添加文字效果

**01** 选择工具箱中的"文本工具" ，在属性栏中设置字体为"方正超粗黑简体"，字体大小设置为 100，在绘图页面单击鼠标，输入文字，如图 11-27 所示。

图 11-25   复制图形          图 11-26  绘制直线          图 11-27   输入文字

**02** 选择工具箱中的"选择工具" ，选中文字，单击鼠标右键，在弹出的快捷菜单中，选择"转换为曲线"选项。选择工具箱中的"形状工具"，拖动鼠标调整文字的形状，效果如图11-28所示。

*03* 选中文字，复制两份，如图11-29所示。

图 11-28　调整文字形状

图 11-29　复制文字

*04* 选中最上面一层的文字，双击状态栏中的"轮廓笔工具"，弹出"轮廓笔"对话框，在此对话框中设置颜色为橘黄色（C0、M50、Y100、K0），宽度为0.5mm，如图11-30所示。

*05* 单击"确定"按钮，为文字填充轮廓效果。按下F11快捷键，弹出"渐变填充"对话框，在此对话框的自定义中设置起点颜色为橘黄色（C0、M32、Y82、K0），34%位置设置颜色为橘红色（C0、M52、Y100、K20），68%位置设置颜色为黄色，终点位置设置颜色为橘黄色（C0、M42、Y90、K14），角度设置为90，如图11-31所示。

图 11-30　"轮廓笔"对话框

图 11-31　"渐变填充"对话框

*06* 单击"确定"按钮，效果如图11-32所示。

*07* 运用同样的操作方法，绘制其他文字效果，如图11-33所示。

图 11-32　文字效果

图 11-33　最终效果

## 11.2 娱乐类海报——汽车模特大赛宣传海报

本实例绘制一款汽车模特大赛的宣传海报。画面中醒目的文字效果，突出广告的主题，使整个构图更加饱满。

主要工具：钢笔工具、三点曲线工具、文本工具、填充工具、轮廓笔工具

视频文件：avi\第 11 章\11.2.avi

➡ 操作步骤：

#### 1. 绘制海报背景

*01* 启动 CorelDRAW X5，执行"文件"|"新建"命令，新建一个默认为 A4 大小的空白文档。

*02* 选择工具箱中的 "矩形工具" □，拖动鼠标绘制矩形，如图 11-34 所示。

*03* 执行"文件"|"导入"命令，导入一张素材，调整好素材的大小，放置到合适的位置，如图 11-35 所示。

*04* 选中素材，执行"效果"|"图框精确剪裁"|"放置在容器中"命令，光标变为 ➡ 时，单击绘制的矩形，将素材放置到矩形内部，效果如图 11-36 所示。

| | | |
|---|---|---|
| |  | 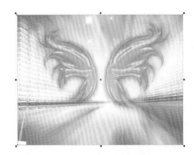 |
| 图 11-34　绘制矩形 | 图 11-35　导入素材 | 图 11-36　放置在矩形中 |

*05* 选择工具箱中的"钢笔工具" ♦，在绘图页面绘制图形，如图 11-37 所示。

*06* 按下 Shift+F11 快捷键，在弹出的"渐变填充"对话框中设置颜色为紫色（C40、M100、Y0、K0），如图 11-38 所示。

*07* 单击"确定"按钮，为图形填充颜色，鼠标右键单击调色板上的 ⊠ 按钮，去掉轮廓线，效果如图 11-39 所示。

*08* 选择工具箱中的"三点曲线工具" ♦，在绘图页面拖动鼠标绘制图形，单击调色板上的黄色色块，为图形填充颜色为黄色，去掉轮廓线，效果如图 11-40 所示。

*09* 运用同样的操作方法绘制其他图形，效果如图 11-41 所示。

*10* 选中绘制的图形，按下 Ctrl+G 快捷键，将图形进行群组。选中图形拖动鼠标到合适的位置，单击鼠标右键，复制图形，效果如图 11-42 所示。

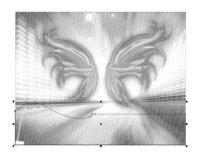

图 11-37 绘制图形

图 11-38 "均匀填充"对话框

图 11-39 绘制图形

图 11-40 绘制图形

图 11-41 绘制图形

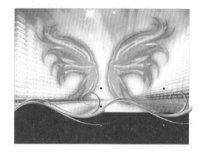

图 11-42 复制图形

### 2. 设计海报主体

*01* 执行"文件"|"导入"命令，导入素材，调整好素材的大小，放置到合适的位置，效果如图 11-43 所示。

*02* 选中导入的人物素材，执行"效果"|"图框精确剪裁"|"放置在容器中"命令，将人物素材放置在矩形中，效果如图 11-44 所示。

*03* 运用同样的操作方法将绘制的所有图形也放置在矩形中，效果如图 11-45 所示。

图 11-43 导入素材

图 11-44 放置在容器中

图 11-45 放置在容器中

### 3. 添加文字效果

*01* 选择工具箱中的"文本工具" ，在属性栏中设置字体为"方正粗倩简体"，字体大小设置为 60，单击需要插入文字的位置，输入文字，如图 11-46 所示。

*02* 选择工具箱中的"选择工具" ，再选择工具箱中的"填充工具" ，在隐藏的工具组中选择"渐变填充"选项，弹出的"渐变填充"对话框，在自定义颜色中设置起点位置的颜色为粉色（C0、M41、Y0、K0），

15%位置设置颜色为红紫色（C0、M96、Y0、K0），60%位置设置颜色为深红色（C34、M100、Y0、K0），终点位置设置颜色为（C52、M100、Y21、K0），设置角度为-90，如图 11-47 所示。

*03* 单击"确定"按钮，为文字填充渐变色，效果如图 11-48 所示。

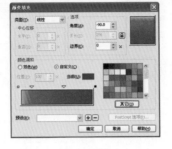

图 11-46　输入文字　　　　　　　图 11-47　"渐变填充"对话框　　　　　　图 11-48　填充渐变色

*04* 选择工具箱中的"轮廓笔工具"，在隐藏的工具组中选择"轮廓笔"选项，在弹出的"轮廓笔"对话框中设置宽度为 1.5mm，颜色设置为白色，勾选"后台填充"选项，如图 11-49 所示。

*05* 单击"确定"按钮，为文字添加轮廓线效果，如图 11-50 所示。

*06* 选择工具箱中的"交互式阴影工具"，在文字上拖动鼠标绘制阴影效果，在属性栏中设置透明度为80，羽化值为 5，按下 Enter 键，效果如图 11-51 所示。

图 11-49　"轮廓笔"对话框　　　　　图 11-50　填充轮廓线　　　　　　图 11-51　添加阴影效果

*07* 运用同样的操作方法输入其他文字，并调整好文字的位置，效果如图 11-52 所示。

*08* 执行"文件"|"导入"命令，导入素材，放置到合适的位置，效果如图 11-53 所示。

图 11-52　输入文字　　　　　　　　　　　图 11-53　最终效果

## 11.3 科技类户外广告——电脑户外广告

本实例绘制的是一款电脑的户外广告，画面干净清爽，整个广告以图片为画面的侧重点，突出广告的主题，为整个画面增加了动感和活力。

主要工具：椭圆形工具、填充工具、星形工具、轮廓笔工具、导入和放置到容器中命令

视频文件：avi\第 11 章\11.3.avi

**操作步骤：**

**1. 绘制广告背景**

*01* 启动 CorelDRAW X5，执行"文件"|"新建"命令，新建一个默认为 A4 大小的空白文档。单击属性栏中的"横向"按钮，改变纸张的方向。

*02* 选择工具箱中的"矩形工具"，在绘图页面拖动鼠标绘制矩形，选择工具箱中的"填充工具"，在隐藏的工具组中选择"均匀填充"选项，在弹出的"均匀填充"对话框中设置颜色为粉色（C2、M76、Y12、K0），如图 11-54 所示。

*03* 单击"确定"按钮，为绘制的矩形填充颜色为粉色，效果如图 11-55 所示。

*04* 执行"文件"|"导入"命令，导入一张素材，调整好素材的大小，放置到合适的位置，效果如图 11-56 所示。

图 11-54　"均匀填充"对话框　　　　　图 11-55　填充颜色　　　　　图 11-56　导入素材

*05* 执行"效果"|"图框精确剪裁"|"放置在容器中"命令，光标变为➡时，将光标放置到绘制的矩形上，如图 11-57 所示。

*06* 单击鼠标左键，将导入的素材放置在矩形中，效果如图 11-58 所示。

*07* 选择工具箱中的"椭圆形工具"，在绘图页面按住 Ctrl 键不放，拖动鼠标绘制正圆，效果如图 11-59 所示。

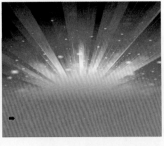
图 11-57　放置在容器中

图 11-58　放置在容器中

图 11-59　绘制正圆

*08* 单击调色板上的橘黄色色块，填充颜色为橘黄色，鼠标右键单击调色板上的☒按钮，去掉轮廓线，效果如图 11-60 所示。

*09* 选择工具箱中的"选择工具"⬚，按住 Shift 键不放，缩小图形到合适的位置单击鼠标右键，复制圆形，单击调色板上的黄色色块，填充颜色为黄色，效果如图 11-61 所示。

*10* 运用同样的操作方法，复制圆形，并填充不同的颜色，效果如图 11-62 所示。

图 11-60　填充颜色

图 11-61　复制图形

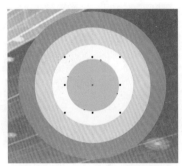
图 11-62　复制图形

*11* 运用同样的操作方法，绘制其他图形，效果如图 11-63 所示。

*12* 选中绘制的所有圆形，按下 Ctrl+G 快捷键，将圆形群组，再将圆形放置到矩形中，执行"文件"|"导入"命令，导入素材，效果如图 11-64 所示。

图 11-63　绘制图形

图 11-64　导入素材

*13* 选中素材，按住 Ctrl 键不放拖动鼠标复制图形，在属性栏中单击"水平镜像"按钮⬚，效果如图 11-65 所示。

**2. 绘制户外广告主体**

*01* 执行"文件"|"导入"命令，将素材调整好大小，放置到合适的位置，效果如图 11-66 所示。

图 11-65　水平镜像

图 11-66　导入素材

*02* 选择工具箱中的"折线工具" ，在绘图页面拖动鼠标绘制折线，如图 11-67 所示。

*03* 单击调色板上的玫红色色块，填充颜色为玫红色，如图 11-68 所示。

图 11-67　绘制折线

图 11-68　填充颜色

*04* 选择工具箱中的"轮廓笔工具" ，在隐藏的工具组中选择"轮廓笔"选项，在弹出的"轮廓笔"对话款中设置颜色为黄色，宽度为 1.8mm，勾选"后台填充"和"按图像比例显示"选项，如图 11-69 所示。

*05* 单击"确定"按钮，效果如图 11-70 所示。

图 11-69　"轮廓笔"对话框

图 11-70　填充轮廓效果

*06* 选择工具箱中的"星形工具" ，在绘图页面拖动鼠标绘制星形，在属性栏中设置锐度为 27，如图 11-71 所示。

*07* 双击状态栏中的"轮廓笔工具" ，在弹出的"轮廓笔"对话框中设置颜色为白色，宽度为 1.8mm，

单击"确定"按钮，效果如图 11-72 所示。

*08* 单击调色板上的蓝色色块，填充颜色为蓝色，如图 11-73 所示。

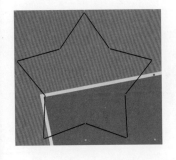
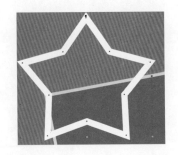

图 11-71　绘制星形　　　　　　图 11-72　填充轮廓色　　　　　　图 11-73　填充颜色

*09* 按住 Shift 键拖动鼠标放大图形到合适的位置单击鼠标右键，复制图形，按下 Ctrl+PageDown 快捷键，调整图层顺序，效果如图 11-74 所示。

*10* 在属性栏"轮廓宽度"下拉列表中选择"无"，效果如图 11-75 所示。

*11* 选中绘制的图形，按下 Ctrl+G 快捷键，将其群组。选择工具箱中的"选择工具" ⬚，单击绘制的图形，图形处于旋转状态，拖动鼠标旋转图形，效果如图 11-76 所示。

图 11-74　复制图形　　　　　　图 11-75　填充轮廓色　　　　　　图 11-76　调整图形角度

*12* 运用同样的操作方法，绘制其他图形，效果如图 11-77 所示。

### 3. 添加文字效果

*01* 选择工具箱中的"文本工具" 字，在绘图页面单击鼠标输入文字，在属性栏中设置字体为"方正大黑简体"，字体大小设置为 87，调整文字的角度，效果如图 11-78 所示。

图 11-77　绘制图形　　　　　　　　　　图 11-78　输入文字

*02* 选择工具箱中的"填充工具" ，在隐藏的工具组中选择"渐变填充"选项，在弹出的"渐变填充"对话框中设置颜色为从玫红色到白色的线性渐变，参数设置如图 11-79 所示。

*03* 单击"确定"按钮，为文字填充渐变色，效果如图 11-80 所示。

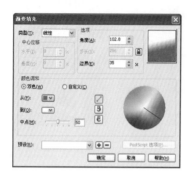

图 11-79　"渐变填充"对话框

图 11-80　填充渐变色

*04* 双击状态栏中的"轮廓笔工具" ，在弹出的"轮廓笔"对话框中设置宽度为 1.2mm，颜色为黄色，参数设置如图 11-81 所示。

*05* 单击"确定"按钮，为文字添加轮廓线效果，如图 11-82 所示。

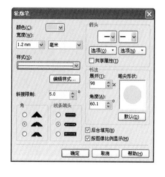

图 11-81　"轮廓笔"对话框

图 11-82　添加轮廓线

*06* 运用同样的操作方法，输入其他文字，效果如图 11-83 所示。

*07* 执行"文件"|"导入"命令，导入文字素材，调整好大小和角度，放置到合适的位置，效果如图 11-84 所示。

图 11-83　输入文字

图 11-84　导入素材

# 11.4 家居类——木地板户外广告

本实例绘制的是一款圣象木地板的户外宣传广告，色彩温暖清朗，文字的运用使画面富有节奏和韵律感，具有较好的宣传效果。

**主要工具**：导入命令、折线工具、填充工具、轮廓笔工具和文本工具

**视频文件**：avi\第 11 章\11.4.avi

➡ **操作步骤：**

### 1. 绘制广告背景

*01* 启动 CorelDRAW X5，执行"文件"|"新建"命令，新建一个默认为 A4 大小的空白文档。单击属性栏中的"横向"按钮，改变纸张的方向。

*02* 双击工具箱中的"矩形工具"，绘制一个与页面大小相等的矩形，如图 11-85 所示。

*03* 执行"文件"|"导入"命令，导入素材，将素材调整好大小，放置到合适的位置，如图 11-86 所示。

### 2. 绘制图形

*01* 选择工具箱中的"椭圆形工具"，在绘图页面拖动鼠标，绘制图圆形，如图 11-87 所示。

图 11-85　绘制矩形　　　　　　图 11-86　导入素材　　　　　　图 11-87　绘制椭圆形

*02* 选择工具箱中的"填充工具"，在隐藏的工具组中选择"渐变填充"选项，弹出的"渐变填充"对话框，在自定义中设置起点颜色为绿色，60%位置设置颜色为黄绿色（C40、M0、Y100、K0），终点位置设置颜色为淡黄色（C20、M0、Y60、K0），参数设置如图 11-88 所示。

*03* 单击"确定"按钮，填充渐变色，效果如图 11-89 所示。

*04* 复制椭圆形，并调整好大小放置到合适的位置，如图 11-90 所示

*05* 选择工具箱中的"折线工具"，在绘图页面拖动鼠标绘制折线，单击调色板上的黄色色块，填充颜色为黄色，如图 11-91 所示。

图 11-88 "渐变填充"对话框 　　　　　　图 11-89 填充渐变色 　　　　　　图 11-90 复制图形

*06* 选择工具箱中的"轮廓笔工具" 🖊，在隐藏的工具组中选择"轮廓笔"选项，在弹出的"轮廓笔"对话框中设置颜色为红色，宽度为 0.3mm，参数设置如图 11-92 所示。

*07* 单击"确定"按钮，为绘制的图形添加轮廓效果，如图 11-93 所示。

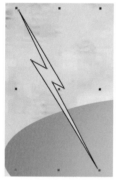

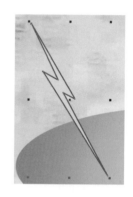

图 11-91 复制图形 　　　　　　图 11-92 "轮廓笔"对话框 　　　　　　图 11-93 添加轮廓效果

*08* 运用同样的操作方法绘制其他图形，如图 11-94 所示。

*09* 选择工具箱中的"矩形工具" 🔲，在绘图页面拖动鼠标绘制矩形，填充颜色为土红色（C0、M100、Y60、K34），如图 11-95 所示。

图 11-94 绘制图形 　　　　　　　　　　图 11-95 绘制矩形

*10* 运用同样的操作方法绘制矩形，填充颜色为白色，如图 11-96 所示。

**3．添加文字效果**

*01* 选择工具箱中的"文本工具" 字，在属性栏中设置字体为"方正超粗黑简体"，字体大小设置为 120，

在绘图页面单击鼠标，输入文字，如图 11-97 所示。

图 11-96　绘制矩形

图 11-97　输入文字

*02* 单击调色板上的黄色色块填充颜色为黄色，如图 11-98 所示。

*03* 选择工具箱中的"轮廓笔工具" ，在隐藏的工具组中选择"轮廓笔"选项，在弹出的"轮廓笔"对话框中设置颜色为红色，宽度为 3.0mm，单击"确定"按钮，为文字添加轮廓效果，如图 11-99 所示。

图 11-98　填充颜色

图 11-99　添加轮廓效果

*04* 运用同样的操作方法，输入其他文字，效果如图 11-100 所示。

图 11-100　输入文字

# 11.5 生活类—国庆购物海报

本实例是一张迎国庆的海报设计，视觉冲击力强，给人看后回味无穷。

**主要工具：** 三点矩形工具、添加透视命令

**视频文件：** avi\第 11 章\11.5.avi

➡️ **制作提示：**

*01* 构思海报的操作流程；

*02* 新建大小为 A4 的空白文档，改变纸张方向；

*03* 运用"三点矩形工具"绘制矩形，再复制多个矩形，分别填充不同颜色；

*04* 再执行"添加透视"命令，添加透视效果，复制绘制的图形，完成背景的绘制；

*05* 运用"文本工具"输入文字，复制文字，填充不同颜色，制作出立体效果；

*06* 导入素材，将页面所有图形放置在矩形中，完成海报的绘制；

*07* 保存文件。

# 11.6 运动类——趣味篮球赛海报

本实例设计一款趣味篮球赛海报，色调轻松明快，主题鲜明。

**主要工具：** 钢笔工具、导入命令、文本工具

**视频文件：** avi\第 11 章\11.6.avi

➡️ **制作提示：**

*01* 构思海报的操作流程；

*02* 新建大小为 A4 的空白文档；

*03* 运用"矩形工具"绘制背景；

*04* 运用"钢笔工具"绘制曲线；

*05* 导入素材，放置到合适的位置；

*06* 运用"文本工具"输入文字，完成海报的绘制；保存文件。

## 11.7 生活类——超市广告

本实例设计一款商场宣传海报，实例颜色清新、图案美丽、文字造型优美，创造出强烈的销售气氛，吸引消费者的视线。

**主要工具：** 矩形工具、折线工具、文本工具

**视频文件：** avi\第 11 章\11.7.avi

➡ **制作提示：**

*01* 构思广告的操作流程；

*02* 新建大小为 A3 的空白文档，改变纸张方向；

*03* 运用"矩形工具"绘制背景；

*04* 运用"折线工具"绘制发散状图形，并将其放置在矩形中；

*05* 导入素材，放置到合适的位置；

*06* 运用"文本工具"输入文字，完成广告的绘制；

*07* 保存文件。

# 第 12 章

# 广告设计

**本章重点**

　　广告设计是平面设计的重要载体，广告的种类很多，这一章主要是以杂志广告和报纸广告为例，详细介绍广告的特性，如选用图片要视觉冲击力很强，色彩明快，艺术欣赏性高，还要注意与产品的关联性和情感因素的调用，能够吸引视线。

## 12.1 科技类广告——F5 手机杂志广告

本实例绘制一款 F5 手机的杂志广告，实例以浅绿色为主色调，通过图像的放置，对杂志广告进行装饰使其成为画面的亮点。

**主要工具**：矩形工具、三点曲线工具、螺纹工具、填充工具、轮廓笔工具、交互式透明工具和放置在容器中命令

**视频文件**：avi\第 12 章\12.1.avi

### 操作步骤：

**1. 绘制广告背景**

*01* 启动 CorelDRAW X5，执行"文件"|"新建"命令，新建一个默认为 A4 大小的空白文档。

*02* 选择工具箱中的"矩形工具" ▢，拖动鼠标绘制矩形。选择工具箱中的"填充工具" ◈，在隐藏的工具组中选择"均匀填充"选项，在弹出的"均匀填充"对话框中，设置颜色为浅绿色（C29、M2、Y29、K0），如图 12-1 所示。

*03* 单击"确定"按钮，为绘制的矩形填充颜色为浅绿色，鼠标右键单击调色板上的 ⊠ 按钮，去掉轮廓线，效果如图 12-2 所示。

*04* 选择工具箱中的"螺纹工具" ◉，在属性栏中单击"对数螺纹"按钮 ◎，设置螺纹回圈数值为 20，螺纹扩展参数为 10，将光标放置到矩形的中心位置，按住 Shift 键，拖动鼠标绘制以矩形中心为中心的螺纹，效果如图 12-3 所示。

图 12-1 "均匀填充"对话框

图 12-2 填充颜色

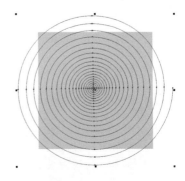

图 12-3 绘制螺纹

*05* 选择工具箱中的"轮廓笔工具" ✎，在隐藏的工具组中选择"轮廓笔"选项，在弹出的"轮廓笔"对话框中设置宽度为轮廓线颜色为白色，宽度为 1.5mm，如图 12-4 所示。

*06* 单击"确定"按钮，为螺纹设置轮廓线，效果如图 12-5 所示。

*07* 选择工具箱中的"交互式透明工具" ♴，在属性栏编辑透明度中选择"标准"，在开始透明度中设置数值为 78，效果如图 12-6 所示。

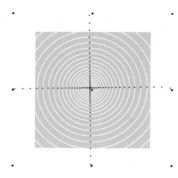

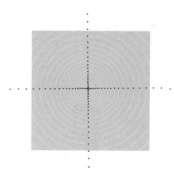

图 12-4    "轮廓笔"对话框         图 12-5    填充轮廓效果          图 12-6    添加透明效果

*08* 执行"效果"|"图框精确剪裁"|"放置在容器中"命令,将螺纹图形放置到绘制的矩形中,效果如图 12-7 所示。

*09* 选择工具箱中的"矩形工具" ,绘制矩形,填充颜色为绿色(C57、M18、Y69、K0),去掉轮廓线,效果如图 12-8 所示。

### 2.　设计广告主体

*01* 选择工具箱中的"三点曲线工具" ,在绘图页面,拖动鼠标绘制图形,如图 12-9 所示。

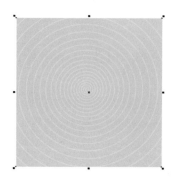

图 12-7    放置在容器中          图 12-8    绘制矩形            图 12-9    绘制图形

*02* 单击调色板上的绿色色块为图形填充颜色为绿色,去掉轮廓线,效果如图 12-10 所示。

*03* 复制图形,填充颜色为白色,效果如图 12-11 所示。

图 12-10    填充颜色          图 12-11    复制图形            图 12-12    添加透明效果

*04* 选择工具箱中的"交互式透明工具"![icon]，在属性栏编辑透明度中选择"标准"，在开始透明度中设置数值为35，按下 Enter 键，效果如图 12-12 所示。

*05* 运用同样的操作方法绘制其他图形，效果如图 12-13 所示。

*06* 执行"文件"|"导入"命令，导入多张素材，如图 12-14 所示。

*07* 选中导入的星星素材，执行"效果"|"图框精确剪裁"|"放置在容器中"命令，将其放到绘制的浅绿色矩形中，效果如图 12-15 所示。

图 12-13　绘制图形

图 12-14　导入素材

图 12-15　放置在容器中

*08* 选择工具箱中的"椭圆形工具"![icon]，按住 Ctrl 键，在绘图页面绘制正圆，按下 F11 快捷键，弹出的"渐变填充"对话框，在自定义颜色中设置起点颜色为大红色（C0、M100、Y100、K0），82%位置设置颜色为黄色（C0、M0、Y100、K0），终点位置设置颜色也为黄色，在类型中选择"辐射"，如图 12-16 所示。

*09* 单击"确定"按钮，为圆形填充渐变色，去掉轮廓线，效果如图 12-17 所示。

*10* 选择工具箱中的"椭圆形工具"![icon]，拖动鼠标绘制椭圆形，单击调色板上的白色色块，填充颜色为白色，去掉轮廓线，效果如图 12-18 所示，

图 12-16　"渐变填充"对话框

图 12-17　填充渐变色

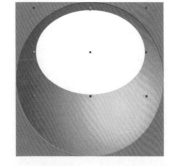

图 12-18　绘制椭圆形

*11* 选择工具箱中的"交互式透明工具"![icon]，拖动鼠标绘制透明效果，如图 12-19 所示。

*12* 运用"椭圆形工具"![icon]和"折线工具"![icon]，绘制图形，设置轮廓线为白色，效果如图 12-20 所示。

*13* 选中绘制的图形，按下 Ctrl+G 快捷键，将其群组，按住 Ctrl 键拖动鼠标，到合适的位置单击鼠标右键复制图形，单击属性栏中的"水平镜像"按钮![icon]，效果如图 12-21 所示。

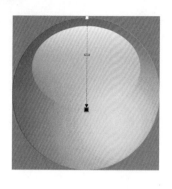

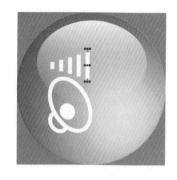

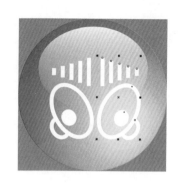

图 12-19　添加透明效果　　　　　　图 12-20　绘制图形　　　　　　图 12-21　水平镜像

*14* 运用同样的操作方法绘制其他图形，效果如图 12-22 所示。

### 3. 添加文字效果

*01* 选择工具箱中的"文本工具" 字，在属性栏中设置字体为"方正超粗黑简体"，字体大小设置为 72，如图 12-23 所示。

图 12-22　绘制图形　　　　　　　　　图 12-23　输入文字

*02* 按下 Shift+F11 快捷键，在弹出的"均匀填充"对话框中设置颜色为绿色（C57、M18、Y69、K0），单击"确定"按钮，为文字填充颜色，效果如图 12-24 所示。

*03* 选择工具箱中的"交互式阴影工具" ，在文字上拖动鼠标绘制阴影效果，在属性栏中设置透明度为 90，羽化值为 3，按下 Enter 键，效果如图 12-25 所示。

*04* 运用同样的操作方法，输入其他文字，效果如图 12-26 所示。

图 12-24　填充颜色　　　　　　图 12-25　添加阴影效果　　　　　　图 12-26　输入文字

## 12.2 生活类广告——家福购物广场广告

本实例绘制的是一款家福购物广场的促销广告，卡通豆人物设计表情生动、动作形象，为画面的重点，体现出了购物促销的力度和规模。

**主要工具**：矩形工具、三点曲线工具、填充工具、轮廓笔工具、交互式透明工具和文本工具

**视频文件**：avi\第 12 章\12.2.avi

➡️ **操作步骤：**

### 1. 绘制广告背景

*01* 启动 CorelDRAW X5，执行"文件"|"新建"命令，新建一个默认为 A4 大小的空白文档。

*02* 选择工具箱中的"矩形工具" ⬜，在绘图页面拖动鼠标绘制矩形，选择工具箱中的"填充工具" ◈，在隐藏的工具组中选择"均匀填充"选项，在弹出的"均匀填充"对话框中设置颜色为绿色（C40、M0、Y100、K0），如图 12-27 所示。

*03* 单击"确定"按钮，为矩形填充颜色为绿色，效果如图 12-28 所示。

图 12-27 添加阴影效果

图 12-28 填充颜色

*04* 执行"文件"|"导入"命令，将素材导入到矩形中，如图 12-29 所示。

*05* 执行"效果"|"图框精确剪裁"|"放置在容器中"命令，将素材放到绘制的矩形内部，效果如图 12-30 所示。

*06* 选择工具箱中的"钢笔工具" ♦，拖动鼠标绘制图形，单击调色板上的白色色块，填充颜色为白色，效果如图 12-31 所示。

*07* 复制绘制的图形，在复制的图形下面控制点上拖动鼠标调整大小，填充颜色为蓝色（C93、M75、Y0、K0），如图 12-32 所示。

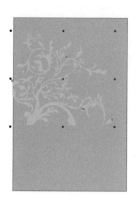

图 12-29　导入素材

图 12-30　放置在容器中

图 12-31　绘制图形

*08* 按住 Shift 键，选中蓝色和白色图形，鼠标右键单击调色板上的⊠按钮，去掉轮廓线，效果如图 12-33 所示。

*09* 选择工具箱中的"星形工具"⚝，在绘图页面拖动鼠标绘制星形，填充颜色为蓝色（C78、M53、Y0、K0），去掉轮廓线，效果如图 12-34 所示。

图 12-32　复制图形

图 12-33　去掉轮廓线

图 12-34　绘制星形

*10* 运用同样的操作方法，绘制其他星形，效果如图 12-35 所示。

*11* 运用上述操作方法，绘制其他图形，效果如图 12-36 所示。

**2. 设计广告主体**

*01* 选择工具箱中的"椭圆形工具"⚪，按住 Ctrl 键，拖动鼠标绘制正圆，在属性栏中设置轮廓线宽度为 4.5mm，如图 12-37 所示。

*02* 选择工具箱中的"三点曲线工具"⚘，拖动鼠标绘制曲线，如图 12-38 所示。

*03* 按下 Shift+F11 快捷键，在弹出的"均匀填充"对话框中设置颜色为黄色（C13、M0、Y94、K0），如图 12-39 所示。

图 12-35　绘制星形

图 12-36　绘制图形

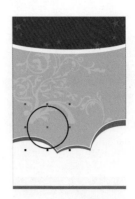

图 12-37　绘制正圆

**04** 选择工具箱中的"B-Spline 工具"绘制图形，填充颜色为白色，运用工具箱中的"交互式透明工具" ，为图形添加透明效果，去掉轮廓线，效果如图 12-40 所示。

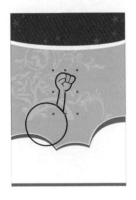

图 12-38　绘制曲线

图 12-39　填充颜色

图 12-40　绘制图形

**05** 运用同样的操作方法，绘制其他图形，效果如图 12-41 所示。

**06** 运用上述操作方法绘制图形，如图 12-42 所示。

**07** 选中绘制的图形，按下 Ctrl+G 快捷键，将图形群组，再进行复制，调整好大小，放置到合适的位置，调整好图层顺序，效果如图 12-43 所示。

图 12-41　绘制图形

图 12-42　绘制图形

图 12-43　复制图形

*08* 选中所有笑脸，按下 Ctrl+G 快捷键，将其进行群组。执行"排列"|"顺序"|"置于此对象后"命令，单击绘制的红色图形，效果如图 12-44 所示。

*09* 执行"文件"|"导入"命令，将素材导入到图形中，放置到合适的位置，效果如图 12-45 所示。

### 3. 添加文字效果

*01* 选择工具箱中的"文本工具" 字，在绘图页面单击鼠标输入文字，设置文字的字体为"黑体"，字体大小设置为 72，填充颜色为白色，效果如图 12-46 所示。

图 12-44　调整图层顺序　　　　　　图 12-45　导入素材　　　　　　　图 12-46　输入文字

*02* 选择工具箱中的"轮廓笔工具" ，在隐藏的工具组中选择"轮廓笔"选项，在弹出的"轮廓笔"对话框中设置颜色为绿色（C91、M37、Y98、K5），宽度为 5.0mm，勾选"后台填充"选项，如图 12-47 所示。

*03* 单击"确定"按钮，为文字添加轮廓效果，如图 12-48 所示。

*04* 按下 Ctrl+K 快捷键，将文字打散，如图 12-49 所示。

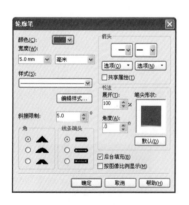

图 12-47　设置轮廓线　　　　　　　图 12-48　文字效果　　　　　　　图 12-49　打散文字

*05* 分别选中文字，对文字进行大小和形状的修改，效果如图 12-50 所示。

*06* 选中文字，对文字进行群组，选择工具箱中的"交互式阴影工具" ，在绘图页面拖动鼠标绘制阴影效果，在属性栏中设置透明度为 60，羽化值为 8，颜色设置为黄色，效果如图 12-51 所示。

*07* 运用同样的操作方法，输入其他文字，效果如图 12-52 所示。

图 12-50　调整文字

图 12-51　添加阴影效果

图 12-52　打散文字

*08* 执行"效果"|"添加透视"命令，会出现红色的虚线框，如图 12-53 所示。

*09* 拖动鼠标为文字添加透视效果，如图 12-54 所示。

图 12-53　添加透视

图 12-54　最终效果

## 12.3　电子类——联通报纸宣传广告

本实例绘制的是一款联通的报纸宣传广告，以红色为主色调，以手机为画面主体，直接表明广告的主题和内容。

**主要工具：** 折线工具、填充工具、矩形工具、轮廓笔工具、文本工具

**视频文件：** avi\第 12 章\12.3.avi

➡ **操作步骤：**

### 1．绘制广告背景

*01* 启动 CorelDRAW X5，执行"文件"|"新建"命令，新建一个默认为 A4 大小的空白文档。单击属性栏中的"横向"按钮□，改变纸张的方向。

*02* 双击工具箱中的"矩形工具" ，绘制一个与页面大小相等的矩形。选择工具箱中的"填充工具" ⬧，在隐藏的工具组中选择"均匀填充"选项，在弹出的"均匀填充"对话框中设置颜色为红色（C16、M100、Y100、K5），如图 12-55 所示。单击"确定"按钮，为绘制的矩形填充颜色，效果如图 12-56 所示。

图 12-55　"均匀填充"对话框　　　　　　　　　　　　　图 12-56　填充颜色

*03* 选择工具箱中的"折线工具" ✑，绘制折线图形，如图 12-57 所示。

*04* 单击调色板上的黄色色块，填充颜色为黄色，鼠标右键单击调色板上的 ☒ 按钮，去掉轮廓线，效果如图 12-58 所示。

*05* 选择工具箱中的"选择工具" ⬚，在图形上单击鼠标，将图形处于旋转状态，将中心的圆点拖动到顶端，如图 12-59 所示。

　　　　图 12-57　绘制图形　　　　　　　　　图 12-58　填充颜色　　　　　　　　图 12-59　调整旋转点

*06* 将光标移动到顶端，当光标变为 ↻ 时，拖动鼠标旋转图形，到合适的位置时单击鼠标右键，复制图形，如图 12-60 所示。

*07* 多次按下 Ctrl+D 快捷键，多次复制图形，效果如图 12-61 所示。

*08* 选中所有复制图形按下 Ctrl+G 快捷键，将其群组。选择工具箱中的"交互式透明工具" ⬚，在属性栏编辑透明度中选择"标准"选项，效果如图 12-62 所示。

　　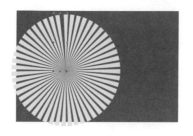　　

　　　　图 12-60　复制图形　　　　　　　图 12-61　再次复制图形　　　　　　图 12-62　添加透明效果

*09* 按下 Ctrl++快捷键，复制图形。选择工具箱中的"交互式透明工具" ，在属性栏编辑透明度中选择"辐射"选项，旋转图形到合适的位置，效果如图 12-63 所示。

*10* 选中所有图形进行群组，执行"效果"|"图框精确剪裁"|"放置在容器中"命令，当光标变为 时，单击绘制的矩形，效果如图 12-64 所示。

*11* 单击鼠标右键，在弹出的快捷菜单中选择"编辑内容"选项，如图 12-65 所示。

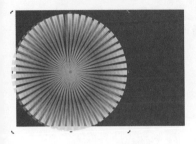

图 12-63　复制图形

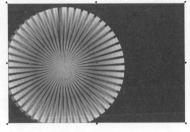

图 12-64　放置在容器中

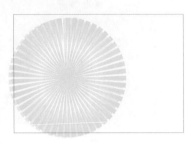

图 12-65　编辑内容

*12* 选中图形，进行调整，调整完成后，单击鼠标右键，在弹出的快捷菜单中选择"结束编辑"选项，效果如图 12-66 所示。

*13* 选择工具箱中的"矩形工具" ，绘制与页面大小相等的矩形，按下 F11 快捷键，在弹出的"渐变填充"对话框中设置颜色为从黄色到红色的线性渐变，如图 12-67 所示。

*14* 单击"确定"按钮，为矩形填充渐变色，去掉轮廓线，效果如图 12-68 所示。

图 12-66　结束编辑

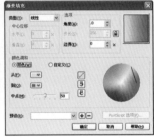

图 12-67　"渐变填充"对话框

图 12-68　结束编辑

*15* 选择工具箱中的"交互式透明工具" ，在属性栏编辑透明度中选择"标准"选项，如图 12-69 所示。

*16* 运用同样的操作方法绘制其他图形，效果如图 12-70 所示。

图 12-69　添加透明效果

图 12-70　绘制图形

**2. 绘制广告主体**

*01* 执行"文件"|"导入"命令，导入素材，将素材放置到合适的位置，如图 12-71 所示。

*02* 选择工具箱中的"钢笔工具" 🖋，绘制图形，如图 12-72 所示。

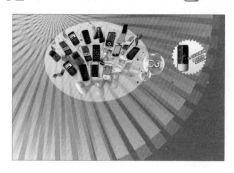

图 12-71　导入素材

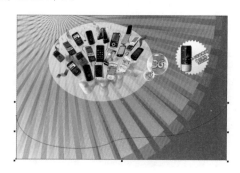

图 12-72　绘制图形

*03* 单击调色板上的白色色块，填充颜色为白色，去掉轮廓线，效果如图 12-73 所示。

*04* 选择工具箱中的"交互式透明工具" 🖫，在绘图页面拖动鼠标绘制透明效果，如图 12-74 所示。

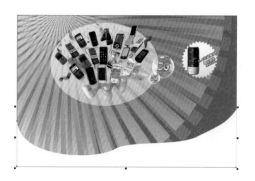

图 12-73　填充颜色

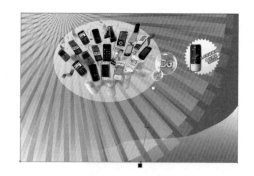

图 12-74　添加透明效果

*05* 运用同样的操作方法绘制其他图形，效果如图 12-75 所示。

*06* 选择工具箱中的"折线工具" 🖊，拖动鼠标绘制折线，单击调色板上的白色色块，填充颜色为白色，去掉轮廓线，效果如图 12-76 所示。

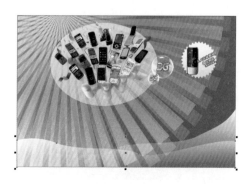

图 12-75　绘制图形

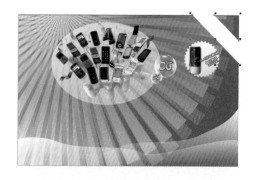

图 12-76　绘制图形

*07* 执行"文件"|"导入"命令，导入素材，放置到合适的位置，调整好图层顺序，效果如图 12-77 所示。

### 3. 添加文字效果

*01* 选择工具箱中的"文本工具" 字，在属性栏中设置字体为"方正大黑简体"，字体大小为 36，在绘图页面单击鼠标，输入文字，单击调色板上的白色色块填充颜色为白色，如图 12-78 所示。

图 12-77　导入素材

图 12-78　输入文字

*02* 选择工具箱中的"轮廓笔工具" ，在隐藏的工具组中选择"轮廓笔"选项，在弹出的"轮廓笔"对话框中设置宽度为 1.2mm，颜色设置为红色（C0、M100、Y100、K41），如图 12-79 所示。单击"确定"按钮，为文字添加轮廓效果，如图 12-80 所示。

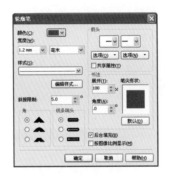

图 12-79　"轮廓笔"对话框

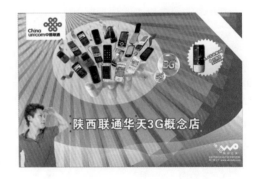

图 12-80　输入文字

*03* 选择工具箱中的"交互式封套工具" ，在文字的周围出现虚线框，拖动鼠标改变文字形状，效果如图 12-81 所示。

*04* 运用同样的操作方法，输入其他文字，效果如图 12-82 所示。

图 12-81　调整文字形状

图 12-82　输入文字

## 12.4 科技类——联想电脑报纸宣传广告

本实例绘制的是一款联想电脑的报纸宣传广告，创意新颖，构图巧妙，电影胶片式的图片排列，使整个广告充满动感，视觉冲击力强。

**主要工具：** 折线工具、三点曲线工具、填充工具、轮廓笔工具、位图转换命令和模糊命令

**视频文件：** avi\第 12 章\12.4.avi

**操作步骤：**

### 1. 绘制广告背景

*01* 启动 CorelDRAW X5，执行"文件"|"新建"命令，新建一个默认为 A4 大小的空白文档。

*02* 双击工具箱中的"矩形工具" ，绘制一个与页面大小相等的矩形，如图 12-83 所示。

*03* 选择工具箱中的"矩形工具" ，拖动鼠标绘制矩形，如图 12-84 所示。

*04* 选择工具箱中的"填充工具" ，在隐藏的工具中选择"渐变填充"选项，在弹出的"渐变填充"对话框中设置颜色为从绿色（C100、M40、Y62、K0）到蓝色（C75、M18、Y35、K2）的线性渐变，角度设置为15，如图 12-85 所示。

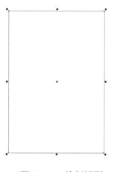

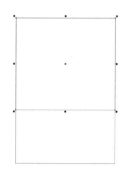

图 12-83　绘制矩形　　　　　图 12-84　绘制矩形　　　　　图 12-85　"渐变填充"

*05* 单击"确定"按钮，为图形填充渐变色，去掉轮廓线，效果如图 12-86 所示。

*06* 执行"文件"|"导入"命令，导入一张素材，调整好大小放置到合适的位置，如图 12-87 所示。

*07* 选择工具箱中的"交互式透明工具" ，在绘图页面拖动鼠标为素材添加透明效果，如图 12-88 所示。

### 2. 绘制广告主体

*01* 运用同样的操作方法，导入素材，放置到合适的位置，如图 12-89 所示。

*02* 选择工具箱中的"折线工具" ，在页面绘制图形，填充颜色为黑色，如图 12-90 所示。

*03* 执行"文件"|"导入"命令，导入一张人物素材，执行"效果"|"图框精确剪裁"|"放置在容器中"

命令，将人物素材放置到绘制的图形中，调整好位置，效果如图 12-91 所示。

图 12-86　填充渐变色

图 12-87　导入素材

图 12-88　添加透明效果

图 12-89　导入素材

图 12-90　绘制图形

图 12-91　放置在容器中

*04* 选择工具箱中的"三点曲线工具" ，绘制曲线，如图 12-92 所示。

*05* 选中绘制的曲线，双击状态栏中的"轮廓笔工具" ，在弹出的"轮廓笔"对话框中设置宽度为 3.0mm，颜色设置为白色，如图 12-93 所示。

*06* 单击"确定"按钮，为绘制的曲线添加轮廓效果，如图 12-94 所示。

图 12-92　导入素材

图 12-93　设置轮廓线

图 12-94　添加轮廓效果

*07* 按下 Ctrl+G 快捷键，将曲线进行群组，执行"位图"|"转换为位图"命令，弹出"转换为位图"对话框，如图 12-95 所示。单击"确定"按钮，如图 12-96 所示。

*08* 执行"位图"|"模糊"|"放射式模糊"命令，在弹出的"放射式模糊"对话框中设置数量为 6，如图

12-97 所示。

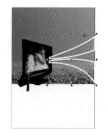

图 12-95　转换为位图　　　　　图 12-96　转换为位图　　　　　图 12-97　模糊命令

*09* 单击"确定"按钮，效果如图 12-98 所示。

*10* 选择工具箱中"三点曲线工具"，绘制图形，填充颜色为白色，去掉轮廓线，效果如图 12-99 所示。

*11* 执行"文件"|"导入"命令，导入素材，执行"效果"|"图框精确剪裁"|"放置在容器中"命令，调整好素材的大小，放置到合适的位置，效果如图 12-100 所示。

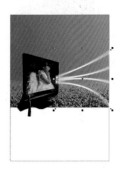

图 12-98　模糊效果　　　　　图 12-99　绘制图形　　　　　图 12-100　导入素材

*12* 运用同样的操作方法，绘制其他图形，如图 12-101 所示。

*13* 选择工具箱中的"椭圆形工具"，按住 Ctrl 键，拖动鼠标绘制正圆，如图 12-102 所示。

*14* 选择工具箱中的"填充工具"，在隐藏的工具组中选择"渐变填充"选项，在弹出的"渐变填充"对话框中设置颜色为从绿色（C63、M0、Y100、K0）到白色，在"类型"下拉列表中选择"辐射"选项，如图 12-103 所示。

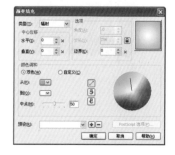

图 12-101　绘制图形　　　　　图 12-102　绘制正圆　　　　　图 12-103　"渐变填充"

*15* 单击"确定"按钮，为绘制的正圆填充渐变色，去掉轮廓线，效果如图 12-104 所示。

*16* 选择工具箱中的"交互式透明工具"，在属性栏编辑透明度中选择"辐射"选项，效果如图 12-105

所示。

*17* 选中图形，拖动图形到合适的位置单击鼠标右键，复制图形，调整好图形的大小，如图 12-106 所示。

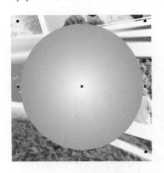

图 12-104　填充渐变色

图 12-105　添加透明效果

图 12-106　复制图形

### 3.　添加文字效果

*01* 选择工具箱中的"文本工具" 字，在属性栏中设置字体为"方正水黑简体"，字体大小设置为 65,在绘图页面单击鼠标，输入文字，如图 12-107 所示。

*02* 单击调色板上的白色色块填充颜色为白色，如图 12-108 所示。

*03* 运用同样的操作方法，输入文字，如图 12-109 所示。

图 12-107　输入文字

图 12-108　填充颜色

图 12-109　输入文字

*04* 按下 Ctrl+K 快捷键，将文字打撒，如图 12-110 所示。选中"享"字，单击调色板上的橘黄色色块，填充颜色为橘黄色，在属性栏中设置字体为"方正行楷简体"，字体大小设置为 161，效果如图 12-111 所示。

*05* 运用同样的操作方法，输入其他文字效果，如图 12-112 所示。

图 12-110　输入文字

图 12-111　设置文字

图 12-112　输入文字

*06* 执行"文件"|"导入"命令，导入素材，放置到合适的位置，如图 12-113 所示。

*07* 选择工具箱中的"2 点直线工具" ，绘制直线，如图 12-114 所示。

图 12-113　导入素材

图 12-114　绘制直线

## 12.5　美容类——完美晶装护肤品

本实例设计的是完美晶装的护肤品杂志广告，实例运用绿色为主色调，突出了产品的特性：自然、清新和环保健康。

**主要工具**：矩形工具、导入命令、两点直线工具

**视频文件**：avi\第 12 章\12.5.avi

➡ **制作提示：**

*01* 构思杂志广告的操作流程；

*02* 新建大小为 A4 的空白文档；

*03* 运用"矩形工具"绘制背景；

*04* 运用"两点直线工具"绘制广告主体的背景图；

*05* 导入素材，放置在合适的位置；

*06* 运用"文本工具"输入文字，完成杂志广告的绘制；

*07* 保存文件。

## 12.6 服装类——中都百货报纸宣传广告

本实例设计一款中都百货报纸宣传广告报纸广告，以象征女性的粉红色调为主，以迎合消费群体的喜好。

**主要工具**：矩形工具、折线工具、导入命令、文本工具

**视频文件**：avi\第 12 章\12.6.avi

➡ 制作提示：

*01* 构思报纸广告的操作流程；

*02* 新建大小为 A4 的空白文档；

*03* 运用"矩形工具"绘制背景；

*04* 运用"折线工具"绘制发散状图形，再将其放置到矩形中；

*05* 导入素材，放置在合适的位置；

*06* 运用"文本工具"输入文字，完成报纸广告的绘制；

*07* 保存文件。

## 12.7 健康类——杂志广告设计

本实例是一款杂志广告的设计，生动活泼的文字和图片版式，直接表达了广告主题，令人印象深刻。

**主要工具**：矩形工具、图纸工具、放置在容器中命令

**视频文件**：avi\第 12 章\12.7.avi

➡ 制作提示：

*01* 构思杂志广告的操作流程；

*02* 新建大小为 A4 的空白文档；

*03* 运用"矩形工具"绘制广告背景；

*04* 运用"图纸工具"绘制广告中的网格；

*05* 运用"文本工具"输入文字;

*06* 导入素材,放置在合适的位置;

*07* 绘制圆形,将素材放置在绘制的圆形中,完成杂志广告的制作;

*08* 保存文件。

# 第 13 章

# 折页设计

**本章重点**

◆ 生活类——新世界百货时尚广场 DM 单　　◆ 生活类——超市购物 DM 单设计

◆ 美容类——美容院宣传画册内页　　　　　◆ 房产类——天泽·一方街宣传画册

◆ 生活类——鲜花礼仪模特公司折页　　　　◆ 商业类——桔子商业街招商折页

◆ 企业类—大众全媒传播机构画册内页

　　宣传折页是一种常见的信息传播工具，与我们现在的生活有着密切的联系。它有着其他媒体达不到的效果，它可以通过具体的，生动的形式来向对方传递信息。在设计制作过程中，设计师的思路必须清晰，创意和理念要丰富。本章以 DM 单和画册为例，详细介绍其制作方法和技巧。

## 13.1 生活类——新世界百货时尚广场 DM 单

本实例绘制的是一款新世界百货时尚广场的 DM 单，运用了对比鲜明的颜色，醒目的图形与文字，很好的传达了主题信息。

**主要工具：** 矩形工具、填充工具、轮廓笔工具和文本工具

**视频文件：** avi\第 13 章\13.1.avi

**操作步骤：**

### 1. 绘制 DM 单背景

*01* 启动 CorelDRAW X5，执行"文件"|"新建"命令，新建一个默认为 A4 大小的空白文档。

*02* 选择工具箱中的"矩形工具" ▢，在绘图页面拖动鼠标绘制矩形，如图 13-1 所示。

*03* 选择工具箱中的"填充工具" ◈，在隐藏的工具组中选择"均匀填充"选项，在弹出的"均匀填充"对话框中设置颜色为橘黄色（C0、M60、Y80、K0），如图 13-2 所示。

*04* 单击"确定"按钮，为矩形填充颜色为橘黄色，鼠标右键单击调色板上的 ⊠ 按钮，去掉轮廓线，效果如图 13-3 所示。

图 13-1　绘制矩形　　　　　　　图 13-2　"均匀填充"对话框　　　　　　　图 13-3　填充颜色

*05* 选择工具箱中的"矩形工具" ▢，绘制矩形，单击调色板上的白色色块，为矩形填充颜色为白色，去掉轮廓线，如图 13-4 所示。

*06* 选择工具箱中的"形状工具" ⬚，单击白色矩形的一个顶点，再拖动鼠标绘制圆角效果，如图 13-5 所示。

*07* 运用同样的操作方法，绘制其他矩形，效果如图 13-6 所示。

*08* 选择工具箱中的"填充工具" ◈，在隐藏的工具组中选择"渐变填充"选项，弹出的"渐变填充"对话框中，在自定义颜色中设置起点颜色为浅绿色（C40、M0、Y100、K0），54%位置颜色为白色，终点位置设置

颜色为浅蓝色（C40、M0、Y0、K0），如图 13-7 所示。

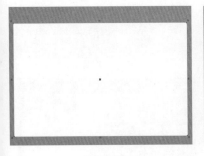

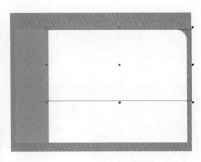

图 13-4　绘制矩形　　　　　　　　图 13-5　绘制圆角矩形　　　　　　　图 13-6　绘制矩形

*09* 单击"确定"按钮，为矩形填充渐变色，去掉轮廓线，效果如图 13-8 所示。

*10* 执行"效果"|"图框精确剪裁"|"放置在容器中"命令，单击白色矩形，将渐变矩形放置到白色矩形中，效果如图 13-9 所示。

图 13-7　"渐变填充"对话框　　　　图 13-8　填充渐变色　　　　　　　　图 13-9　放置在容器中

*11* 执行"文件"|"导入"命令，将素材调整好大小，放置到合适的位置，效果如图 13-10 所示。

### 2. 绘制 DM 单主体

*01* 选择工具箱中的"三点曲线工具" <img>，在绘图页面拖动鼠标绘制图形，填充颜色为深蓝色（C100、M100、Y0、K0），去掉轮廓线，效果如图 13-11 所示。

*02* 运用同样的操作方法绘制图形，按下 F11 快捷键，在弹出的"渐变填充"对话框中设置颜色为从深黄色（C0、M40、Y100、K0）到黄色（C0、M0、Y100、K0），在类型中选择"正方形"，如图 13-12 所示。

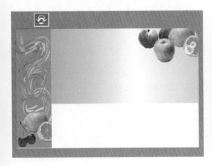
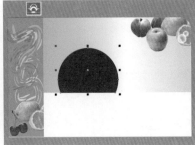
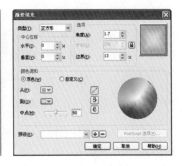

图 13-10　导入素材　　　　　　　　图 13-11　绘制图形　　　　　　　　图 13-12　"渐变填充"对话框

*03* 单击"确定"按钮，为绘制的图形填充渐变色，去掉轮廓线，效果如图 13-13 所示。

*04* 选择工具箱中的"三点曲线工具" ，绘制图形，填充颜色为白色，将图形选中按下 Ctrl+G 快捷键，将其群组，如图 13-14 所示。

*05* 选择工具箱中的"交互式透明工具" ，在属性栏编辑透明度中选择"标准"，去掉轮廓线，效果如图 13-15 所示。

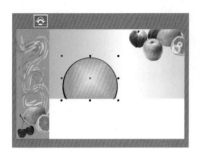
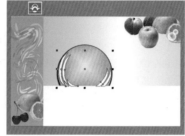
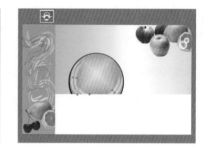

图 13-13　填充渐变色　　　　　　　　　图 13-14　绘制图形　　　　　　　　　图 13-15　添加透明效果

*06* 复制图形，将图形放置到合适的位置，效果如图 13-16 所示。

*07* 选择工具箱中的"矩形工具" ，在绘图页面绘制圆角矩形，填充颜色为白色，并运用上述方法添加透明效果，如图 13-17 所示。

*08* 选择工具箱中的"轮廓笔工具" ，在隐藏的工具组中选择"轮廓笔"选项，在弹出的"轮廓笔"对话框中设置颜色为白色，宽度为 0.4mm，在样式中选择虚线样式，如图 13-18 所示。

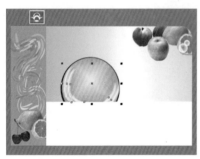
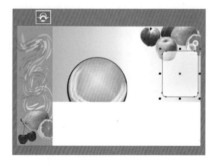

图 13-16　复制图形　　　　　　　　　图 13-17　绘制圆角矩形　　　　　　　　图 13-18　"轮廓笔"对话框

*09* 单击"确定"按钮，为圆角矩形填充轮廓效果，如图 13-19 所示。

### 3. 添加文字效果

*01* 选择工具箱中的"文本工具" ，在绘图页面单击鼠标输入文字，设置文字字体为"方正康体简体"，字体大小为 200，效果如图 13-20 所示。

*02* 按下 Shift+F11 快捷键，在弹出的"均匀填充"对话框中设置颜色设置为粉色（C0、M100、Y0、K0），单击"确定"按钮，为文字填充颜色，效果如图 13-21 所示。

*03* 双击状态栏中的"轮廓笔工具" ，在弹出的"轮廓笔"对话框中设置宽度为 5.0mm，颜色设置为白色，勾选"后台填充"选项，单击"确定"按钮，效果如图 13-22 所示。

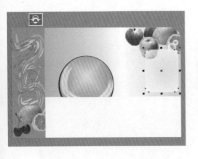

图 13-19　绘制圆角矩形　　　　　　　　　图 13-20　输入文字　　　　　　　　　图 13-21　填充颜色

*04* 选择工具箱中的"交互式阴影工具" ，在文字上拖动鼠标绘制阴影效果，在属性栏中设置透明度为 85，羽化值为 3，按下 Enter 键，效果如图 13-23 所示。

*05* 运用同样的操作方法绘制其他文字效果，如图 13-24 所示。

图 13-22　输入文字　　　　　　　　　图 13-23　添加阴影效果　　　　　　　　　图 13-24　输入文字

*06* 选择工具箱中的"折线工具" ，在绘图页面拖动鼠标绘制三角形，单击调色板上的深蓝色色块，填充颜色为深蓝色，去掉轮廓线，效果如图 13-25 所示。

*07* 选中三角形，拖动鼠标到合适的位置单击鼠标右键，复制三角形，重复步骤，复制三角形，并填充颜色为白色，效果如图 13-26 所示。

图 13-25　绘制三角形　　　　　　　　　　　　　图 13-26　复制图形

*08* 选择工具箱中的"椭圆形工具" ，按住 Ctrl 键，拖动鼠标，绘制正圆，填充轮廓线颜色为橘黄色（C0、M60、Y100、K0），宽度为 1.0mm，效果如图 13-27 所示。

*09* 选择工具箱中的"选择工具" ，按住 Shift 键，拖动鼠标复制正圆，填充轮廓线为橘黄色（C0、M30、Y100、K0），如图 13-28 所示。

*10* 运用同样的操作方法，复制图形，填充颜色为橘黄色（C0、M30、Y100、K0），如图 13-29 所示。

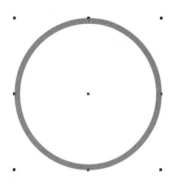

图 13-27　绘制正圆

图 13-28　复制图形

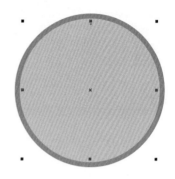

图 13-29　填充颜色

*11* 运用上述同样的操作方法为图形填充填充透明效果，并绘制高光，如图 13-30 所示。

*12* 将图形群组，放置到合适的位置，调整好图层顺序，效果如图 13-31 所示。

图 13-30　绘制图形

图 13-31　最终效果

## 13.2 生活类——超市购物 DM 单设计

　　本实例绘制的是一款超市购物的广告设计，以别具一格的思想设计释放现实主义跳动的精华。

📎 **主要工具**：矩形工具、填充工具、折线工具、文本工具、导入命令和调整图层顺序命令

⏻ **视频文件**：avi\第 13 章\13.2.avi

➡ **操作步骤：**

**1. 绘制 DM 单背景**

*01* 启动 CorelDRAW X5，执行"文件"|"新建"命令，新建一个默认为 A4 大小的空白文档。

*02* 选择工具箱中的"矩形工具" □，在绘图页面拖动鼠标绘制矩形，选择工具箱中的"填充工具" ◈，在隐藏的工具组中选择"均匀填充"选项，在弹出的"均匀填充"对话框中设置颜色为黄色（C0、M41、Y85、K0），如图 13-32 所示。

*03* 单击"确定"按钮，为矩形填充颜色，鼠标右键单击调色板上的 ⊠ 按钮，去掉轮廓线，如图 13-33 所示。

*04* 选择工具箱中的"交互式透明工具" ☑，在矩形上拖动鼠标绘制透明效果，如图 13-34 所示。

图 13-32　"均匀填充"对话框

图 13-33　填充颜色

图 13-34　添加透明效果

*05* 选择工具箱中的"选择工具" ▸，将绘制的矩形选中，按住鼠标鼠标并拖动鼠标到合适的位置单击鼠标右键，复制矩形，将复制的矩形与原矩形重合，如图 13-35 所示。

*06* 选择工具箱中的"矩形工具" □，在绘图页面拖动鼠标绘制矩形，选择工具箱中的"填充工具" ◈，在隐藏的工具组中选择"均匀填充"选项，在弹出的"均匀填充"对话框中设置颜色为蓝色（C100、M0、Y0、K0），设置好之后，单击"确定"按钮，去掉轮廓线，效果如图 13-36 所示。

*07* 选择工具箱中的"交互式透明工具" ☑，在蓝色矩形上拖动鼠标绘制透明效果，如图 13-37 所示。

图 13-35　复制图形

图 13-36　绘制矩形

图 13-37　添加透明效果

*08* 同样复制矩形并使复制的图形与原图形重合，效果如图 13-38 所示。

*09* 运用同样的操作方法，绘制其他矩形，效果如图 13-39 所示。

*10* 选择工具箱中的"折线工具" ▲，在绘图页面单击鼠标绘制三角图形，如图 13-40 所示。

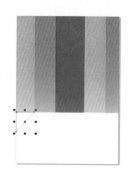

图 13-38　复制图形　　　　　　　　　图 13-39　绘制图形　　　　　　　　　图 13-40　绘制图形

*11* 选择工具箱中的"填充工具" ，在隐藏的工具组中选择"均匀填充"选项，在弹出的"均匀填充"对话框中设置颜色为黄色（C5、M50、Y92、K0），如图 13-41 所示。

*12* 单击"确定"按钮，去除轮廓线，如图 13-42 所示。

*13* 选择工具箱中的"交互式透明工具" ，在蓝色矩形上拖动鼠标绘制透明效果，如图 13-43 所示。

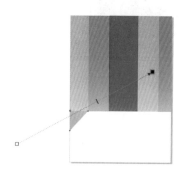

图 13-41　"均匀填充"对话框　　　　图 13-42　去除轮廓线　　　　　　图 13-43　添加透明效果

*14* 复制图形并使复制的图形与原三角形重合，效果如图 13-44 所示。

*15* 选择工具箱中的"折线工具" ，运用同样的操作方法，绘制其他图形，效果如图 13-45 所示。

*16* 选择工具箱中的"矩形工具" ，在绘图页面拖动鼠标绘制矩形，如图 13-46 所示。

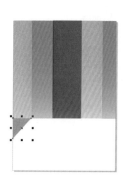

图 13-44　复制图形　　　　　　　　　图 13-45　绘制图形　　　　　　　　　图 13-46　绘制矩形

*17* 选择工具箱中的"填充工具" ，在隐藏的工具组中选择"渐变填充"选项，弹出"渐变填充"对话框，在自定义颜色中设置起点颜色为橘黄色（C0、M30、Y100、K0），35%位置设置颜色为橘红色（C0、M70、

Y100、K0），终点设置颜色为橘黄色，角度中设置数值为-90，如图 13-47 所示。

*18* 单击"确定"按钮，为矩形填充渐变色，无掉轮廓线，如图 13-48 所示。

*19* 选择工具箱中的"两点直线工具" ✐，在矩形中拖动鼠标绘制直线，如图 13-49 所示。

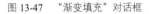

| 图 13-47 "渐变填充"对话框 | 图 13-48 填充渐变色 | 图 13-49 绘制直线 |

*20* 选择工具箱中的"轮廓笔工具" ✐，在隐藏的工具组中选择"轮廓笔"选项，在弹出的"轮廓笔"对话框中设置颜色为黄色，宽度设置为细线，如图 13-50 所示。

*21* 单击"确定"按钮，为直线填充轮廓色，如图 13-51 所示。

*22* 选择工具箱中的"两点直线工具" ✐，运用同样的操作方法绘制其他直线效果，如图 13-52 所示。

| 图 13-50 "轮廓笔"对话框 | 图 13-51 填充轮廓线颜色 | 图 13-52 绘制直线 |

*23* 同样的操作方法，绘制矩形，并添加直线效果，如图 13-53 所示。

### 2. 绘制 DM 单主体

*01* 执行"文件"|"导入"命令，导入一张素材，调整好大小放置到合适的位置，如图 13-54 所示。

*02* 选择工具箱中的"选择工具" ▨，选中绘图页面中的所有图形，按下 Ctrl+G 快捷键，将图形群组，运用同样的操作方法，将素材导入到绘图页面，并调整好大小和位置，效果如图 13-55 所示。

### 3. 添加文字效果

*01* 选择工具箱中的"文本工具" 字，在属性栏中设置字体为"方正胖头鱼简体"，字体大小设置为 36，单击鼠标左键输入文字，如图 13-56 所示。

*02* 单击调色板上的颜色色块，为文字填充颜色为白色，选择工具箱中的"选择工具" ▨，单击文字，将

文字处于旋转状态，调整文字的角度，如图 13-57 所示。

图 13-53　绘制图形

图 13-54　导入素材

图 13-55　导入素材

*03* 运用同样的操作方法输入其他文字，效果如图 13-58 所示。

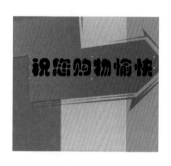

图 13-56　输入文字

图 13-57　调整文字

图 13-58　输入文字

*04* 选择工具箱中的"文本工具" 字，输入文字，设置字体为"方正粗宋简体"，字体大小设置为 24，调整文字的角度，并复制文字到合适的位置，如图 13-59 所示。

*05* 选择工具箱中的"轮廓笔工具" ，在隐藏的工具组中选择"轮廓笔"选项，在弹出的"轮廓笔"对话框中设置颜色为白色，宽度为 4.0mm，如图 13-60 所示。

*06* 单击"确定"按钮，为文字添加轮廓效果，如图 13-61 所示。

图 13-59　复制文字

图 13-60　"轮廓笔"对话框

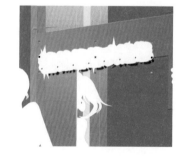

图 13-61　添加轮廓线效果

*07* 按下 Ctrl+PageDown 快捷键，调整好图层顺序，调整文字到合适的位置和大小，如图 13-62 所示。

*08* 选中文字，单击调色板上的红色色块，为文字填充颜色，效果如图 13-63 所示。

*09* 选择工具箱中的"钢笔工具" ，绘制图形，并填充颜色为绿色（C34、M0、Y100、K0），去掉轮廓

线，效果如图 13-64 所示。

图 13-62　调整图层顺序　　　　　图 13-63　填充颜色　　　　　图 13-64　绘制图形

*10* 执行"排列"|"顺序"|"置于此对象后"命令，光标变为 ➡️ ，如图 13-65 所示。

*11* 单击人物素材，将图形放置到人物素材图层下方，效果如图 13-66 所示。

*12* 运用同样的操作方法，调整图层位置，效果如图 13-67 所示。

图 13-65　调整顺序　　　　　图 13-66　调整顺序　　　　　图 13-67　最终效果

## 13.3 美容类——美容院宣传画册内页

　　本实例绘制的是一款美容院的宣传画册内页，其中图片的运用占大部分，采用了以图和文的方式来介绍内容，使其更加的传奇。

**主要工具**：矩形工具、填充工具轮廓笔工具、交互式透明工具和文本工具

**视频文件**：avi\第 13 章\13.3.avi

➡️ 操作步骤：

### 1. 绘制画册背景

*01* 启动 CorelDRAW X5，执行"文件"|"新建"命令，新建一个默认为 A4 大小的空白文档。

*02* 选择工具箱中的"矩形工具" <u>▢</u>，在绘图页面拖动鼠标绘制矩形，如图 13-68 所示。

*03* 运用同样的操作方法，绘制矩形，效果如图 13-69 所示。

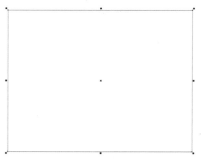

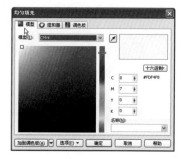

图 13-68  绘制矩形　　　　　　图 13-69  绘制矩形　　　　　　图 13-70  "均匀填充"对话框

*04* 选择工具箱中的"填充工具" <u>◈</u>，在隐藏的工具组中选择"均匀填充"选项，在弹出的"均匀填充"对话框中设置颜色为浅粉色（C0、M7、Y0、K0），如图 13-70 所示。单击"确定"按钮，为矩形填充颜色，如图 13-71 所示。

*05* 选择工具箱中的"贝赛尔工具" <u>▧</u>，在绘图页面拖动鼠标绘制图形，如图 13-72 所示。

*06* 为绘制的图形填充颜色为紫红色（C51、M100、Y58、K10），鼠标右键单击调色板上的 ☒ 按钮，去掉轮廓线，效果如图 13-73 所示。

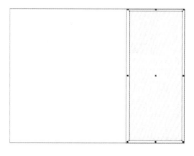

图 13-71  填充颜色　　　　　　图 13-72  绘制图形　　　　　　图 13-73  填充颜色

*07* 选中绘制的图形，拖动鼠标到合适的位置单击鼠标右键，复制图形，调整好大小放置到合适的位置，填充颜色为粉色（C17、M40、Y12、K0），效果如图 13-74 所示。

*08* 运用同样的操作方法复制图形，效果如图 13-75 所示。

*09* 运用同样的操作方法复制矩形，效果如图 13-76 所示。

### 2. 绘制画册主体

*01* 执行"文件"|"导入"命令，导入素材，如图 13-77 所示。

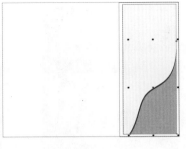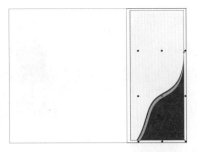

图 13-74  复制图形　　　　　　　图 13-75  复制图形　　　　　　　图 13-76  复制图形

*02* 执行"效果"|"图框精确剪裁"|"放置在容器中"命令,单击绘制的矩形,将人物素材放置到矩形中,效果如图 13-78 所示。

*03* 单击鼠标右键,在弹出的快捷菜单栏中,选择"编辑内容"选项,选中素材,调整好位置,单击鼠标右键,在弹出的快捷菜单栏中选择"结束编辑"选项,效果如图 13-79 所示。

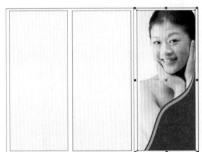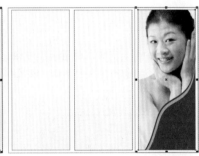

图 13-77  导入素材　　　　　　　图 13-78  放置在容器中　　　　　　图 13-79  编辑内容

*04* 运用同样的操作方法,导入素材,如图 13-80 所示。

*05* 选择工具箱中的"矩形工具" ⬜ ,拖动鼠标绘制矩形,填充颜色为 50% 灰色,去掉轮廓线,效果如图 13-81 所示。

图 13-80  导入素材　　　　　　　　　　图 13-81  绘制矩形

*06* 选择工具箱中的"交会是透明工具" ⬛ ,拖动鼠标绘制透明效果,如图 13-82 所示。

*07* 运用同样的操作方法,绘制其他矩形效果,如图 13-83 所示。

图 13-82　添加透明效果

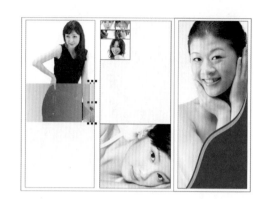

图 13-83　绘制矩形

**08** 选择工具箱中的"矩形工具" ，在绘图页面拖动鼠标绘制矩形。选择工具箱中的"形状工具" ，
拖动鼠标绘制圆角矩形效果，如图 13-84 所示。

**09** 选择工具箱中的"轮廓笔工具" ，在隐藏的工具组中选择"轮廓笔"选项，在弹出的"轮廓笔"对
话框中设置颜色为白色，宽度设置为 0.3mm，单击"确定"按钮，为矩形填充轮廓效果，如图 13-85 所示。

**10** 执行"文件"|"导入"命令，导入素材，执行"效果"|"图框精确剪裁"|"放置在容器中"命令，将
素材放置到绘制的圆角矩形中，效果如图 13-86 所示。

图 13-84　绘制图形

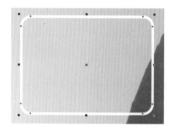

图 13-85　设置轮廓线

图 13-86　导入素材

**11** 运用同样的操作方法，绘制其他效果，如图 13-87 所示。

**12** 选择工具箱中的"矩形工具" ，绘制矩形，单击调色板上的玫红色，填充颜色为玫红色，去掉轮廓
线。运用上述方法为矩形添加透明效果，如图 13-88 所示。

图 13-87　绘制图形

图 13-88　绘制图形

### 3. 添加文字效果

*01* 选择工具箱中的"文本工具" 字，在属性栏中单击"将文本更改为垂直方向"按钮 ⅢⅡ，在属性栏中设置字体为"方正粗圆简体"，字体大小设置为 15，在绘图页面单击鼠标输入文字，如图 13-89 所示。

*02* 单击调色板上的橘黄色色块，为文字填充颜色为橘黄色，效果如图 13-90 所示。

图 13-89　输入文字

图 13-90　填充颜色

*03* 运用同样的操作方法，输入其他文字，效果如图 13-91 所示。

*04* 选择工具箱中的"文本工具" 字，在绘图页面拖动鼠标绘制文本框，在属性栏中设置字体为"方正细圆简体"，字体大小设置为 7.5，在文本框中输入文字，如图 13-92 所示。

图 13-91　输入文字

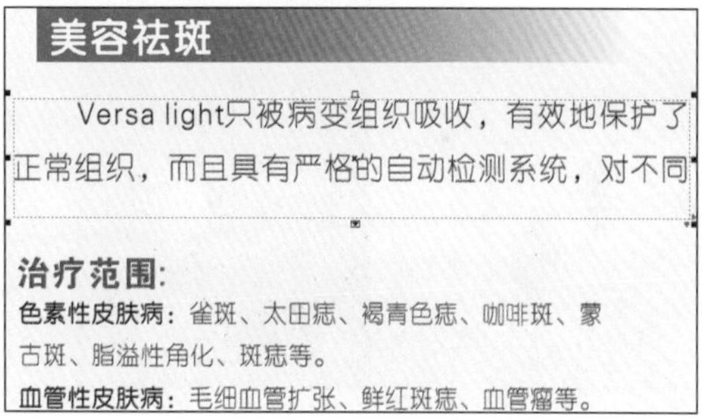

图 13-92　添加段落文本

*05* 运用同样的操作方法，输入其他文字，效果如图 13-93 所示。

*06* 执行"文件"|"导入"命令，导入公司标志，效果如图 13-94 所示。

图 13-93　输入文字

图 13-94　导入素材

*07* 选择工具箱中的"折线工具" ，在绘图页面绘制箭头形状，如图 13-95 所示。

*08* 单击调色板上的橘黄色色块，为箭形填充颜色为橘黄色，去掉轮廓线，最终效果，如图 13-96 所示。

图 13-95　绘制图形　　　　　　　　　　　　　　　　　图 13-96　最终效果

# 13.4　房产类——天泽·一方街宣传画册　　　难易程度：★★★★★

本实例绘制的是一款天泽·一方街的宣传画册，设计风格独特，色彩的选用增添了几分活力，容易使人过目不忘。

**主要工具：**矩形工具、钢笔工具、填充工具、三点曲线工具和文本工具

**视频文件：**avi\第 13 章\13.4.avi

➡ **操作步骤：**

### 1.　绘制画册背景

*01* 启动 CorelDRAW X5，执行"文件"|"新建"命令，新建一个默认为 A4 大小的空白文档。

*02* 选择工具箱中的"矩形工具" ，在绘图页面拖动鼠标绘制矩形，如图 13-97 所示。

*03* 选择工具箱中的"填充工具" ，在隐藏的工具组中选择"均匀填充"选项，在弹出的"渐变填充"对话框中设置颜色为（C7、M5、Y5、K0），如图 13-98 所示。

*04* 单击"确定"按钮，为矩形填充颜色，鼠标右键单击调色板上的⊠按钮，去掉轮廓线，效果如图 13-99 所示。

*05* 选择工具箱中的"钢笔工具" ，在矩形中绘制图形，如图 13-100 所示。

*06* 按下 Shift+F11 快捷键，在弹出的"均匀填充"对话框中设置颜色为灰色（C20、M15、Y15、K0），单击"确定"按钮，为图形填充颜色，并去掉轮廓线，效果如图 13-101 所示。

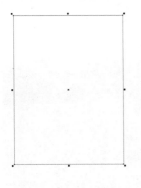

图 13-97 绘制矩形　　　　　　　图 13-98 均匀填充　　　　　　　图 13-99 填充颜色

*07* 选择工具箱中的"交互式透明工具" 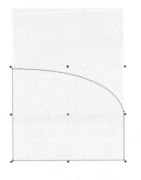，在属性栏编辑透明度中选择"标准"，效果如图 13-102 所示。

图 13-100 绘制图形　　　　　　　图 13-101 填充颜色　　　　　　　图 13-102 添加透明效果

*08* 运用同样的操作方法，绘制其他图形，效果如图 13-103 所示。

*09* 选择工具箱中的"三点曲线工具" ，绘制图形，如图 13-104 所示。

*10* 按下 Shift+F11 快捷键，在弹出的"均匀填充"对话框中设置颜色为玫红色（C70、M95、Y27、K0），单击"确定"按钮，为图形填充颜色，去掉轮廓线，效果如图 13-105 所示。

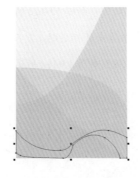

图 13-103 绘制图形　　　　　　　图 13-104 绘制图形　　　　　　　图 13-105 填充颜色

*11* 运用同样的操作方法，绘制其他图形，效果如图 13-106 所示。

*12* 选择工具箱中的"椭圆形工具" ，按住 Ctrl 键，拖动鼠标绘制正圆，填充颜色为粉色（C0、M95、Y27、K0），去掉轮廓线，效果如图 13-107 所示。

*13* 按住 Shift 键缩小图形，到合适的位置单击鼠标右键，复制图形，单击调色板上的黄色色块，填充颜色为黄色，如图 13-108 所示。

图 13-106　绘制图形

图 13-107　绘制图形

图 13-108　复制图形

*14* 运用同样的操作方法复制图形，如图 13-109 所示。

*15* 选择工具箱中的"椭圆形工具" 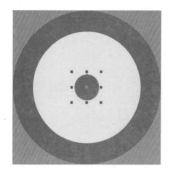，按住 Ctrl 键，绘制正圆，如图 13-110 所示。

*16* 选择工具箱中的"轮廓笔工具" ，在隐藏的工具组中选择"轮廓笔"选项，在弹出的"轮廓笔"对话框中设置颜色为绿色（C60、M0、Y55、K0），宽度设置为 0.75mm，如图 13-111 所示。

图 13-109　复制图形

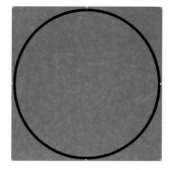

图 13-110　绘制正圆

图 13-111　轮廓笔

*17* 单击"确定"按钮，为圆形填充轮廓效果，如图 13-112 所示。

*18* 按住 Shift 键，缩小圆形到合适的位置单击鼠标右键，复制圆形，如图 13-113 所示。

*19* 运用同样的操作方法绘制其他图形，效果如图 13-114 所示。

图 13-112　填充轮廓效果

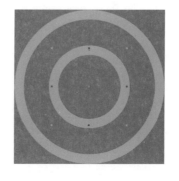

图 13-113　复制正圆

图 13-114　绘制图形

**20** 选择工具箱中的"折线工具" ⚠，在绘图页面绘制图形，填充颜色为粉色，去掉轮廓线，效果如图 13-115 所示。

**21** 运用同样的操作方法绘制图形，如图 13-116 所示。

**22** 运用同样的操作方法绘制其他图形，效果如图 13-117 所示。

图 13-115  绘制图形

图 13-116  绘制图形

图 13-117  绘制图形

**23** 执行"文件"|"导入"命令，导入素材，放置到合适的位置，效果如图 13-118 所示。

## 2. 绘制画册主体

执行"文件"|"导入"命令，导入素材，放置到合适的位置，如图 13-119 所示。

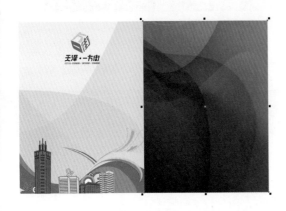

图 13-118  导入素材

图 13-119  导入素材

## 3. 添加文字效果

**01** 选择工具箱中的"文本工具" 字，在绘图页面单击鼠标，输入文字，在属性栏设置字体为"方正小标宋简体"，字体大小设置为 100，如图 13-120 所示。

**02** 选中文字，选择工具箱中的"填充工具" ◈，在隐藏的工具组中选择"渐变填充"选项，弹出"渐变填充"对话框，在自定义中设置起点颜色为淡黄色（C4、M11、Y30、K0），35%位置设施颜色为淡黄色（C2、M6、Y20、K0），终点位置设置颜色为白色，角度设置为 90，如图 13-121 所示。

图 13-120　输入文字

图 13-121　"渐变填充"对话框

*03* 单击"确定"按钮，为文字填充渐变色，效果如图 13-122 所示。

*04* 运用同样的操作方法，输入其他文字，效果如图 13-123 所示。

图 13-122　填充渐变色

图 13-123　输入文字

## 13.5 生活类——鲜花礼仪模特公司折页

本实例制作一款鲜花礼仪模特公司宣传三折页，
色彩优雅大方，构图巧妙。

主要工具：椭圆形工具、贝塞尔工具、文本工具

视频文件：avi\第 13 章\13.5.avi

➡ **制作提示：**

*01* 构思折页的操作流程；

*02* 新建大小为 A4 的空白文档，改变纸张方向；

*03* 运用"矩形工具"绘制折页背景；

*04* 运用"贝塞尔工具"和"椭圆形工具"绘制图形；

*05* 导入素材，将素材放置在绘制的图形中；

*06* 运用"文本工具"输入文字，完成折页的绘制；

*07* 保存文件。

## 13.6 商业类——桔子商业街招商折页

本实例设计一款商场宣传单，色彩鲜亮，版式组合新颖，矢量人物剪影营造出一种时尚氛围，令人耳目一新。

**主要工具**：矩形工具、填充工具、文本工具

**视频文件**：avi\第 13 章\13.6.avi

### 制作提示：

*01* 构思折页的操作流程；

*02* 新建大小为 A4 的空白文档，改变纸张方向；

*03* 运用"矩形工具"绘制折页背景；

*04* 导入素材，将素材放置到合适的位置；

*05* 运用"文本工具"输入文字，完成折页的绘制；

*06* 保存文件。

## 13.7 企业类—大众全媒传播机构画册内页

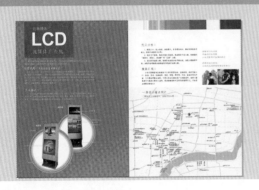

本实例绘制一款大众全媒传播机构画册内页，其色彩丰富，清新亮丽，图文双全地向大家介绍了此机构。

**主要工具**：矩形工具、椭圆形工具、文本工具

**视频文件**：avi\第 13 章\13.7.avi

### 制作提示：

*01* 构思画册的操作流程;

*02* 新建大小为 A4 的空白文档, 改变纸张方向;

*03* 运用 "矩形工具" 绘制画册背景;

*04* 运用 "椭圆形工具" 绘制图形;

*05* 导入素材, 将素材放置在合适的位置;

*06* 运用 "文本工具" 输入文字, 完成画册的绘制;

*07* 保存文件。

# 第 14 章

# 包装设计

**本章重点**

　　包装与人类社会的发展息息相关。它是产品进行市场推广的重要组成部分，包装的好坏对产品的销售起着非常重要的作用。产品的包装仅仅是外表的美观是不够的，重要的是透过视觉语言来介绍产品的特色，建立及稳定产品的市场地位，吸引消费者的购买欲望，到达提升销售的效果。

## 14.1 食品类——华润月饼盒包装设计

本实例绘制的是一款月饼的包装盒，在设计中，放入了符合产品主题的素材图像，使重点鲜明、有美感、有特色、和谐而统一。

**主要工具**：矩形工具、三点曲线工具、交互式透明工具、交互式阴影工具、调整图层顺序

**视频文件**：avi\第 14 章\14.1.avi

➡ 操作步骤：

1. 绘制包装的背景

*01* 启动 CorelDRAW X5，执行"文件"｜"新建"命令，新建一个默认为 A4 大小的空白文档。

*02* 选择工具箱中的"矩形工具" □ 在绘图页面拖动鼠标绘制矩形，如图 14-1 所示。

*03* 选择工具箱中的"填充工具" ◇ ，在隐藏的工具组中选择"均匀填充"选项，在弹出的"均匀填充"对话框中设置颜色为淡黄色（C0、M18、Y45、K0），如图 14- 2 所示。

*04* 单击"确定"按钮，为矩形填充颜色，鼠标右键单击调色板上的 ⊠ 按钮，去掉轮廓线，如图 14-3 所示。

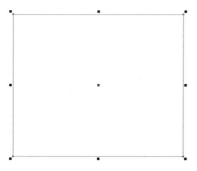

图 14-1  绘制矩形　　　　　　图 14- 2　"均匀填充"对话框　　　　　图 14-3　填充颜色

*05* 选择工具箱中的"矩形工具" □ ，在绘图页面拖动鼠标绘制矩形。单击调色板上的黑色色块为矩形填充颜色，如图 14-4 所示。

*06* 选择工具箱中的"交互式透明工具" ♀ ，在属性栏编辑透明度下拉列表中选择"辐射"选项，透明度操作下拉列表中选择"常规"选项，效果如图 14-5 所示。

*07* 运用同样的操作方法绘制矩形，填充颜色为白色去掉轮廓线，并添加透明效果，如图 14-6 所示。

*08* 执行"文件"｜"导入"命令，导入一张素材，调整大小，放置到合适的位置，如图 14-7 所示。

*09* 运用同样的操作方法绘制矩形，填充颜色为淡黄色，去掉轮廓线，并添加透明效果，如图 14-8 所示。

图 14-4　绘制矩形

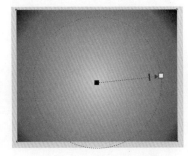
图 14-5　添加透明效果

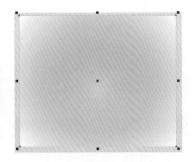
图 14-6　绘制矩形

## 2. 绘制包装盒的主体

*01* 选择工具箱中的"矩形工具" □，在绘图页面拖动鼠标绘制矩形，如图 14-9 所示。

图 14-7　导入素材

图 14-8　绘制矩形

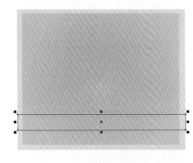
图 14-9　绘制矩形

*02* 选择工具箱中的"填充工具" ◆，在隐藏的工具组中选择"渐变填充"选项，在弹出的"渐变填充"对话框自定义颜色中，设置起点颜色为深红色（C0、M100、Y100、K50），47% 位置设置颜色为橘红色（C0、M60、Y80、K20），终点位置设置颜色为深红色，如图 14-10 所示。

*03* 单击"确定"按钮，为矩形填充渐变色，去掉轮廓线，效果如图 14-11 所示。

*04* 执行"文件" | "导入"命令，导入一张素材，执行"效果" | "图框精确剪裁" | "放置在容器中"命令，光标变为 ➡，如图 14-12 所示。

图 14-10　"渐变填充"对话框

图 14-11　填充渐变色

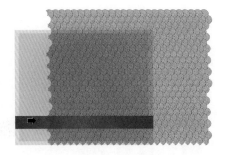
图 14-12　导入素材

*05* 单击绘制的矩形图形，将素材放置到矩形中，效果如图 14-13 所示。

*06* 单击鼠标右键，在弹出的快捷菜单栏中选择"编辑内容"选项，如图 14-14 所示。

*07* 调整好素材的位置，如图 14-15 所示。

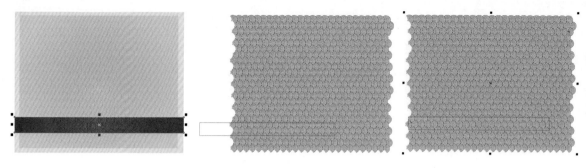

| 图 14-13 放置在容器中 | 图 14-14 编辑内容 | 图 14-15 调整素材位置 |

*08* 调整好之后单击鼠标右键，在弹出的快捷菜单栏中选择"结束编辑"选项，素材将放置到绘制的矩形中，效果如图 14-16 所示。

*09* 选择工具箱中的"矩形工具" □ ，在绘图页面拖动鼠标绘制矩形，单击调色板上的白色色块，填充颜色为白色，去掉轮廓线，如图 14-17 所示。

*10* 按下 Ctrl+PageDown 快捷键，调整图层的顺序，效果如图 14-18 所示。

| 图 14-16 结束编辑 | 图 14-17 绘制矩形 | 图 14-18 调整图层顺序 |

*11* 执行"文件"|"导入"命令，将公司标志和素材导入到绘图页面，调整好位置，如图 14-19 所示。

### 3. 添加文字效果

*01* 选择工具箱中的"文本工具" 字 ，在绘图页面单击鼠标输入文字，如图 14-20 所示。

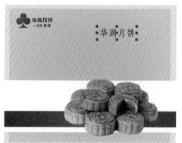

| 图 14-19 导入素材 | 图 14-20 输入文字 | 图 14-21 设置文字 |

*02* 选中文字，在属性栏中设置字体为"方正水柱简体"，载体大小设置为 36，选择工具箱中的"填充工具" ◈ ，在隐藏的工具组中选择"均匀填充"选项，在弹出的"均匀填充"对话框中设置颜色为深红色（C0、M100、Y100、K50），单击"确定"按钮，效果如图 14-21 所示。

*03* 按下 Ctrl+K 快捷键，将文字打散，如图 14-22 所示。

*04* 选择工具箱中的"选择工具"，按住 Shift 键将"月饼"两个字选中，在属性栏中设置字体为"方正胖娃繁体"，字体大小设置为 48，分别选中文字调整好位置，如图 14-23 所示。

*05* 选择工具箱中的"文本工具"，运用同样的操作方法输入其他文字，如图 14-24 所示。

图 14-22　打散文字　　　　　　图 14-23　设置文字　　　　　　图 14-24　输入文字

*06* 选中文字，复制一份，调整好大小和顺序，放置到合适的位置，效果如图 14-25 所示。

*07* 选择工具箱中的"选择工具"，选中最后一层的矩形，选择工具箱中的"交互式立体工具"，在矩形上拖动鼠标绘制立体效果，在立体化类型中选择需要的 类型，单击"立体化颜色"按钮，在下拉列表中单击"使用纯色"按钮，在颜色下拉列表中设置颜色为深红色（C54、M100、Y100、K44），效果如图 14-26 所示。

### 4．绘制手提线

*01* 选择工具箱中的"椭圆形工具"，在绘图页面拖动鼠标绘制圆形，在属性栏中设置轮廓线宽度为 0.5mm，如图 14-27 所示。

图 14-25　复制文字　　　　　　图 14-26　添加立体效果　　　　　　图 14-27　绘制圆形

*02* 选中圆形，按住 Ctrl 键，向右拖动圆形到合适的位置单击鼠标右键，复制圆形，如图 14-28 所示。

*03* 选择工具箱中的"三点曲线工具"，将鼠标放置到圆形上按下并拖动鼠标，绘制曲线，如图 14-29 所示。

*04* 选择工具箱中的"轮廓笔工具"，在隐藏的工具组中选择"轮廓笔"选项，在弹出的"轮廓笔"对话框中设置颜色为 60%灰色，宽度设置为 2.5mm，如图 14-30 所示。

*05* 单击"确定"按钮，曲线效果如图 14-31 所示。

图 14-28　复制圆形　　　　　图 14-29　绘制曲线　　　　　图 14-30　"轮廓笔"对话框

*06* 选择工具箱中的"选择工具" ，复制曲线，调整好大小，放置到合适的位置，如图 14-32 所示。

*07* 执行"排列"|"顺序"|"置于此对象后"命令，单击深红色的立体图形，效果如图 14-33 所示。

图 14-31　设置轮廓线　　　　　图 14-32　复制曲线　　　　　图 14-33　调整图层顺序

### 5. 添加效果

*01* 选中月饼素材，调整好位置，再将所有图形选中，按下 Ctrl+G 快捷键，将图形群组，选择工具箱中的"交互式阴影工具" ，拖动鼠标绘制阴影效果，如图 14-34 所示。

*02* 选择工具箱中的"矩形工具" ，拖动鼠标绘制矩形，选择工具箱中的"填充工具" ，在隐藏的工具组中选择"渐变填充"选项，在弹出的"渐变填充"对话框中设置颜色为从黑色到白色，在类型中选择"辐射"选项，如图 14-35 所示。

*03* 单击"确定"按钮，为绘制矩形填充渐变色，按下 Ctrl+PageDown 快捷键，调整图层顺序，效果如图 14-36 所示。

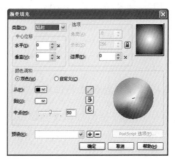

图 14-34　添加阴影效果　　　　　图 14-35　"渐变填充"对话框　　　　　图 14-36　调整图层顺序

## 14.2 熟食类——猪肉片包装设计

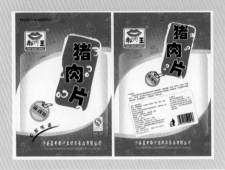

本实例绘制的是一款熟食类的包装设计，包装颜色亮丽，视觉冲击力强，文字的添加起到了画龙点睛的效果。

**主要工具**：钢笔工具、矩形工具、填充工具、轮廓笔工具、文本工具、交互式透明工具

**视频文件**：avi\第 09 章\9.1.avi

➡ **操作步骤：**

1. 绘制包装背景

*01* 启动 CorelDRAW X5，执行"文件"|"新建"命令，新建一个默认为 A4 大小的空白文档。

*02* 选择工具箱中的"矩形工具" ⬚，在绘图页面拖动鼠标绘制矩形，如图 14-37 所示。

*03* 选择工具箱中的"填充工具" ◈，在隐藏的工具组中选择"渐变填充"选项，弹出"渐变填充"对话框，在自定义颜色中设置起点颜色为红色（C0、M100、Y100、K0），18%位置设置颜色为红色（C0、M100、Y100、K0），75%位置设置颜色为黄色（C0、M0、Y100、K0），终点位置设置颜色为白色，在类型中选择"辐射"选项，如图 14-38 所示。

*04* 单击"确定"按钮，为矩形填充渐变色，鼠标右键单击调色板上的 ⊠ 按钮，去掉轮廓线，效果如图 14-39 所示。

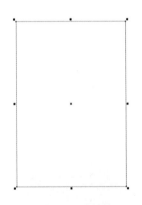

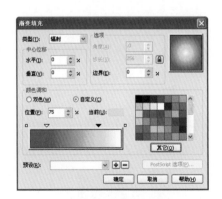

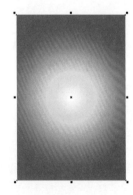

图 14-37　绘制矩形　　　　　图 14-38　"渐变填充"对话框　　　　　图 14-39　填充渐变色

*05* 执行"文件"|"导入"命令，导入一张素材，如图 14-40 所示。

*06* 执行"效果"|"图框精确剪裁"|"放置在容器中"命令，光标变为 ➡，如图 14-41 所示。

*07* 鼠标左键单击绘制的矩形，将素材放置到矩形中，效果如图 14-42 所示。

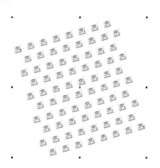

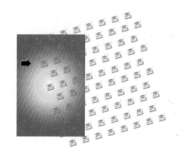

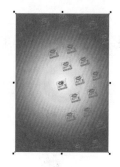

图 14-40　导入素材　　　　　　图 14-41　放置在容器中　　　　　图 14-42　放置在容器中

*08* 单击鼠标右键，在弹出的快捷菜单中选择"编辑内容"选项，如图 14-43 所示。

*09* 选中素材，调整大小，放置到合适的位置，单击鼠标右键，在弹出的快捷菜单栏中选择"结束编辑"选项，效果如图 14-44 所示。

### 2. 绘制包装主体

*01* 选择工具箱中的"钢笔工具" ，在绘图页面拖动鼠标绘制图形，如图 14-45 所示。

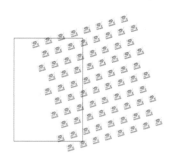

图 14-43　编辑内容　　　　　　图 14-44　结束编辑　　　　　　图 14-45　绘制图形

*02* 选择工具箱中的"填充工具" ，在隐藏的工具组中选择"渐变填充"选项，弹出"渐变填充"对话框，在自定义颜色中设置起点颜色为橘黄色（C0、M60、Y100、K0），34%位置设置颜色为黄色（C0、M0、Y100、K0），54%位置设置颜色为黄色（C0、M20、Y100、K0），68%位置设置颜色为黄色，终点位置设置颜色为橘黄色，在角度中设置为343.4，如图 14-46 所示。

*03* 单击"确定"按钮，为图形填充渐变色，去掉轮廓线，效果如图 14-47 所示。

*04* 运用同样的操作方法，绘制其他图形，填充颜色为白色，去掉轮廓线，如图 14-48 所示。

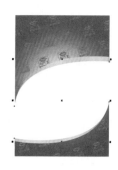

图 14-46　"渐变填充"对话框　　　图 14-47　填充渐变色　　　　　图 14-48　绘制图形

*05* 选中绘制的图形，按下 Ctrl+G 快捷键，将图形进行群组，运用上述方法将图形放置到矩形中，并调整好位置，如图 14-49 所示。

*06* 选择工具箱中的"3 点矩形工具" 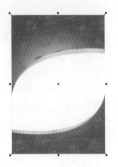，在绘图页面拖动鼠标绘制矩形，单击调色板上的白色色块，填充颜色为白色，如图 14-50 所示

*07* 选择工具箱中的"形状工具" ，拖动鼠标绘制圆角矩形，效果如图 14-51 所示。

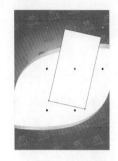

图 14-49  放置在容器中 　　　图 14-50  绘制矩形 　　　图 14-51  绘制圆角矩形

*08* 选择工具箱中的"粗糙笔刷工具" ，在属性栏中设置笔尖大小为 5.0mm，尖突频率为 1，水分浓度设置为 40，斜移为 45，沿着圆角矩形的边缘绘制粗糙效果，如图 14-52 所示。

*09* 鼠标右键单击调色板上的 ⊠ 按钮，去掉轮廓线，选择工具箱中的"钢笔工具" ，绘制图形，单击调色板上的红色色块，填充颜色为红色，去掉轮廓线，效果如图 14-53 所示。

### 3. 添加文字效果

*01* 选择工具箱中的"文本工具" ，在属性栏中单击"将文本更改为垂直方向"按钮 ‖‖‖，设置字体为"方正琥珀简体"，字体大小设置为 120，单击鼠标左键输入文字，如图 14-54 所示。

图 14-52  绘制边缘效果 　　　图 14-53  绘制图形 　　　图 14-54  输入文字

*02* 选择工具箱中的"轮廓笔工具" ，在隐藏的工具组中选择"轮廓笔"选项，在弹出的"轮廓笔"对话框中设置宽度为 2.5mm，颜色设置为白色，勾选"后台填充"选项，如图 14-55 所示。

*03* 单击"确定"按钮，为文字添加轮廓线，效果如图 14-56 所示。

*04* 按下 Ctrl+K 快捷键，将文字打散，如图 14-57 所示。

*05* 分别选中文字，调整好大小和角度，放置到合适的位置，如图 14-58 所示。

*06* 选择工具箱中的"艺术笔工具" ，在属性栏中单击"预设"按钮 ⋈，笔触宽度设置为 5.0mm，选择笔触，在绘图页面拖动鼠标绘制图形，并填充颜色为白色，效果如图 14-59 所示。

图 14-55　"轮廓笔"对话框

图 14-56　添加轮廓线

图 14-57　打散文字

*07* 选择工具箱中的"椭圆形工具" ⊙，按住 Ctrl 键不放，拖动鼠标绘制正圆，单击调色板上的黄色色块，填充颜色为黄色，如图 14-60 所示。

图 14-58　调整文字位置

图 14-59　绘制图形

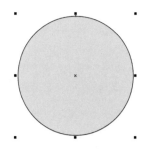

图 14-60　绘制正圆

*08* 按住 Shift 键不放，缩小圆形，到合适的位置单击鼠标右键，复制圆形，效果如图 14-61 所示。

*09* 选择工具箱中的"3 点矩形工具" ▥，拖动鼠标绘制矩形，将矩形中心与圆形对齐，如图 14-62 所示。

*10* 选择工具箱中的"填充工具" ◇，在隐藏的工具组中选择"均匀填充"选项，在弹出的"均匀填充"对话框中设置颜色为黄色（C0、M24、Y82、K0），如图 14-63 所示。

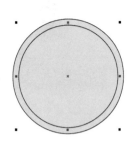

图 14-61　复制圆形

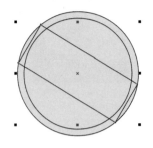

图 14-62　绘制矩形

图 14-63　"均匀填充"对话框

*11* 单击"确定"按钮，为矩形填充颜色，效果如图 14-64 所示。

*12* 执行"效果"|"图框精确剪裁"|"放置在容器中"命令，光标变为 ➡ 时，单击复制的小圆，效果如图 14-65 所示。

*13* 选择工具箱中的"文本工具" 字，在属性栏中设置字体为"黑体"，字体大小为 33，单击鼠标左键输入文字，如图 14-66 所示。

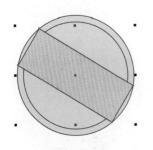

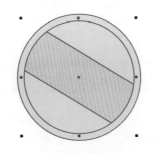

图 14-64　填充颜色　　　　　　　　　图 14-65　放置在容器中　　　　　　　　图 14-66　输入文字

*14* 选择工具箱中的"选择工具" ，单击文字，文字处于旋转状态，调整文字的角度，放置到合适的位置，效果如图 14-67 所示。

*15* 选择工具箱中的"椭圆形工具" ，按住 Ctrl 键，拖动鼠标绘制正圆，在属性栏轮廓宽度下拉列表中选择 0.5mm，效果如图 14-68 所示。

*16* 选择工具箱中的"三点曲线工具" ，绘制曲线，设置宽度为 0.6mm，选中绘制的曲线按下 Ctrl+G 快捷键，将曲线群组，效果如图 14-69 所示。

图 14-67　调整文字角度　　　　　　　　图 14-68　绘制正圆　　　　　　　　　图 14-69　绘制曲线

*17* 选择工具箱中的"贝塞尔工具" ，拖动鼠标绘制曲线，如图 14-70 所示。

*18* 选择工具箱中的"艺术笔工具" ，在属性栏中选择需要的笔触，绘制曲线即会变为选择的笔触形状，效果如图 14-71 所示。

*19* 单击调色板上的黑色色块，为曲线填充颜色为黑色，鼠标右键单击调色板上的白色色块，填充轮廓线颜色为白色，效果如图 14-72 所示。

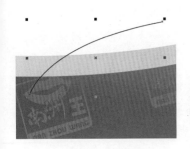

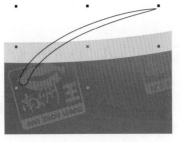

图 14-70　绘制曲线　　　　　　　　　图 14-71　绘制图形　　　　　　　　　图 14-72　添加轮廓线

*20* 选择工具箱中的"文本工具" 字，在属性栏中设置字体为"方正卡通简体"，字体大小设置为 24，单击鼠标输入文字，如图 14-73 所示。

*21* 按下 Ctrl+K 快捷键，将文字打散，选择工具箱中的"选择工具" ，分别调整文字的位置和角度，效果如图 14-74 所示。

图 14-73 输入文字

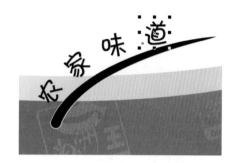

图 14-74 打散文字

*22* 运用同样的操作方法输入其他文字，效果如图 14-75 所示。

*23* 选择工具箱中的"椭圆形工具" ，按住 Ctrl 键绘制正圆，如图 14-76 所示。

*24* 执行"文件"|"导入"命令，导入素材，效果如图 14-77 所示。

图 14-75 输入文字

图 14-76 绘制正圆

图 14-77 导入素材

### 4. 绘制高光效果

*01* 选择工具箱中的"矩形工具" ，在绘图页面拖动鼠标绘制矩形，单击调色板上的30%灰色，填充颜色为灰色，去掉轮廓线，如图 14-78 所示。

*02* 选择工具箱中的"形状工具" ，拖动鼠标绘制圆角矩形，如图 14-79 所示。

*03* 选择工具箱中的"交互式透明工具" ，拖动鼠标绘制透明效果，如图 14-80 所示。

*04* 选择工具箱中的"选择工具" ，选中绘制的矩形，按住 Ctrl 键向右拖动鼠标，到合适的位置单击鼠标右键，复制矩形，单击属性栏中的"水平镜像"按钮 ，效果如图 14-81 所示。

图 14-78　绘制矩形

图 14-79　绘制圆角矩形

图 14-80　添加透明效果

*05* 运用同样的操作方法绘制包装的背面，效果如图 14-82 所示。

图 14-81　水平镜像

图 14-82　背面设计

## 14.3　教材类——高考先锋封面设计

　　本实例绘制的是一款高考先锋的封面设计，整体色调明快、图案非富、字体活泼，整幅设计有种紧张、急促的感觉。符合高考前学生的状态。

　　**主要工具：**钢笔工具、矩形工具、填充工具、轮廓笔工具、文本工具、交互式透明工具

　　**视频文件：**avi\第 14 章\14.3.avi

➡ **操作步骤：**

### 1.　绘制封面背景

*01* 启动 CorelDRAW X5，执行"文件"|"新建"命令，新建一个默认为 A4 大小的空白文档。单击属性

栏中的"横向"按钮 □，改变纸张的方向。

*02* 选择工具箱中的"矩形工具" □，在绘图页面拖动鼠标绘制矩形，如图 14-83 所示。

*03* 选择工具箱中的"填充工具" ◇，在隐藏的工具组中选择"渐变填充"选项，弹出的"渐变填充"对话框，在自定义中设置起点颜色为黄色，65%位置设置颜色为橘黄色（C0、M35、Y100、K0），96%位置设置颜色为橘黄色（C0、M70、Y100、K0），终点位置设置颜色为（C0、M60、Y100、K0），参数设置如图 14-84 所示。

*04* 单击"确定"按钮，为绘制的矩形填充渐变色，鼠标右键单击调色板上的 ⊠ 按钮，为矩形去掉轮廓线，效果如图 14-85 所示。

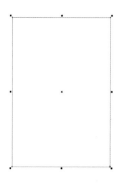

图 14-83　绘制矩形　　　　　　　图 14-84　渐变填充　　　　　　　图 14-85　填充渐变色

*05* 运用同样的操作方法，绘制其他图形，效果如图 14-86 所示。

*06* 选择工具箱中的"椭圆形工具" ○，按住 Ctrl 键，拖动鼠标，在绘图页面绘制正圆，如图 14-87 所示。

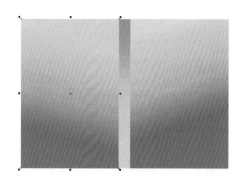

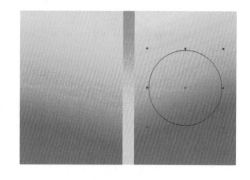

图 14-86　绘制图形　　　　　　　　　　　图 14-87　绘制正圆

*07* 选择工具箱中的"轮廓笔工具" ◊，在隐藏的工具组中选择"轮廓笔"选项，在弹出的"轮廓笔"对话框中设置颜色为红色（C0、M100、Y100、K30），宽度为 0.7mm，样式选择虚线，如图 14-88 所示。

*08* 单击"确定"按钮，效果如图 14-89 所示。

*09* 选择工具箱中的"椭圆形工具" ○，按住 Ctrl 键，拖动鼠标，在绘图页面绘制正圆，单击调色板上的白色色块填充颜色为白色，去掉轮廓线，效果如图 14-90 所示。

*10* 选择工具箱中的"选择工具" ▷，按住 Shift 键，缩小图形到合适的位置单击鼠标右键，复制图形，按下 F11 快捷键，弹出的"渐变填充"对话框，在自定义中设置起点颜色为橘黄色（C2、M49、Y93、K0），3%位置也设置为橘黄色，33%位置设置颜色为黄色（C2、M30、Y84、K0），96%位置设置颜色为黄色（C3、M11、Y75、K0），终点位置也设置为黄色，参数设置如图 14-91 所示。

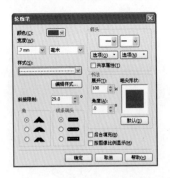

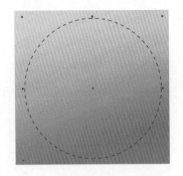

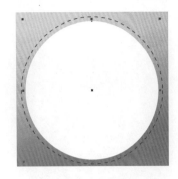

图 14-88　轮廓笔　　　　　　　　　　图 14-89　填充轮廓效果　　　　　　　　图 14-90　绘制正圆

*11* 单击"确定"按钮，为复制的圆形填充渐变色，效果如图 14-92 所示。

*12* 选择工具箱中的"三点曲线工具" ，在绘图页面拖动鼠标，绘制图形，如图 14-93 所示。

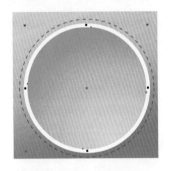

图 14-91　渐变填充　　　　　　　　　　图 14-92　填充渐变色　　　　　　　　　图 14-93　绘制图形

*13* 按下 F11，在弹出的"渐变填充"对话框中设置颜色为从白色到黄色线性渐变，去掉轮廓线，效果如图 14-94 所示。

*14* 选择工具箱中的"交互式透明工具" ，在属性栏编辑透明度中选择"标准"选项，效果如图 14-95 所示。

*15* 选择工具箱中的"三点曲线工具" ，在绘图页面拖动鼠标绘制图形，如图 14-96 所示。

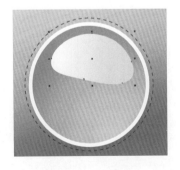

图 14-94　填充渐变色　　　　　　　　　图 14-95　添加透明效果　　　　　　　　图 14-96　绘制图形

*16* 单击调色板上的白色色块，填充颜色为白色，去掉轮廓线，效果如图 14-97 所示。

*17* 运用同样的操作方法，绘制其他图形，效果如图 14-98 所示。

*18* 选中绘制的箭头图形，按下 Ctrl+G 快捷键，将图形群组，复制图形，调整好大小放置到合适的位置，

效果如图 14-99 所示。

图 14-97 填充颜色　　　　　　　图 14-98 绘制图形　　　　　　　图 14-99 复制图形

*19* 选择工具箱中的"星形工具" ，在属性栏中设置点数或边数值为 4，锐度值为 75，拖动鼠标绘制星形，如图 14-100 所示。

*20* 单击调色板上的白色色块，填充颜色为白色，去掉轮廓线，效果如图 14-101 所示。

*21* 运用同样的操作方法绘制星形，并调整好角度，效果如图 14-102 所示。

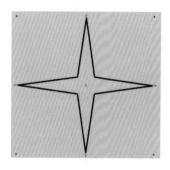
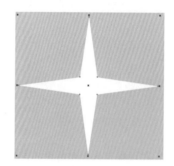

图 14-100 绘制星形　　　　　　　图 14-101 填充颜色　　　　　　　图 14-102 绘制星形

### 2. 绘制广告主体

*01* 选择工具箱中的"折线工具" ，在绘图页面拖动鼠标绘制图形，如图 14-103 所示。

*02* 按下 F11 快捷键，在弹出的"渐变填充"对话框中，设置颜色为从橘黄色到黄色的辐射性渐变，单击"确定"按钮，为绘制的图形填充渐变色，去掉轮廓线，效果如图 14-104 所示。

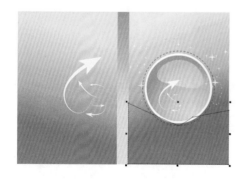

图 14-103 绘制图形　　　　　　　　　　　图 14-104 填充渐变色

*03* 选择工具箱中的"三点曲线工具" ，在绘图页面拖动鼠标绘制图形，单击调色板上的红色色块，填

充颜色为红色，去掉轮廓线，效果如图 14-105 所示。

*04* 运用同样的操作方法绘制其他图形，如图 14-106 所示。

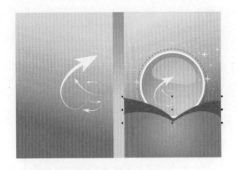

图 14-105　绘制图形

图 14-106　绘制图形

*05* 执行"文件"|"导入"命令，导入素材，放置到合适的位置，效果如图 14-107 所示。

### 3．添加文字效果

*01* 选择工具箱中的"文本工具" 字，在属性栏中设置字体为"方正平和简体"，字体大小设置为 100，在绘图页面单击鼠标，输入文字，效果如图 14-108 所示。

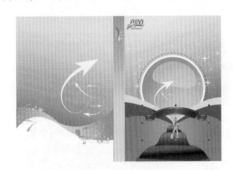

图 14-107　导入素材

图 14-108　输入文字

*02* 选择工具箱中的"选择工具" ，将文字选中。按下 F11 快捷键，弹出"渐变填充"对话框，在自定义中设置起点颜色为深红色（C50、M100、Y100、K50），29%位置设置颜色为红色（C30、M100、Y100、K25），53%位置设置颜色为大红色，81%位置设置颜色为红色（C20、M100、Y100、K20），终点位置设置颜色为深红色（C30、M100、Y100、K40），参数设置如图 14-109 所示。

*03* 单击"确定"按钮，为文字填充渐变色，效果如图 14-110 所示。

图 14-109　渐变填充

图 14-110　填充渐变色

*04* 选择工具箱中的"轮廓笔工具" 🖊，在隐藏的工具组中选择"轮廓笔"选项，在弹出的"轮廓笔"对话框中设置颜色为白色，宽度为 2.0mm，参数设置如图 14-111 所示。

*05* 单击"确定"按钮，为文字添加轮廓效果，如图 14-112 所示。

图 14-111　轮廓笔

图 14-112　添加轮廓效果

*06* 运用同样的操作方法，输入其他文字，效果如图 14-113 所示。

*07* 执行"文件"|"导入"命令，将图片和条形码导入到绘图页面，调整好大小放置到合适的位置，调整好图层，效果如图 14-114 所示。

图 14-113　输入文字

图 14-114　导入素材

## 14.4　杂志类——健康知音杂志封面设计

本实例绘制的是一款健康知音杂志的封面设计，创意大胆，新颖，整款设计给人以时尚的魅力和气质美的风范。

✎ **主要工具**：矩形工具、填充工具、三点曲线工具、折线工具和文本工具

⏱ **视频文件**：avi\第 14 章\14.4.avi

➡ 操作步骤：

1. 绘制封面背景

*01* 启动 CorelDRAW X5，执行"文件"|"新建"命令，新建一个默认为 A4 大小的空白文档。单击属性栏中的"横向"按钮 ⬜，改变纸张的方向。

*02* 选择工具箱中的"矩形工具" ⬜，在绘图页面拖动鼠标绘制矩形，如图 14-115 所示。

*03* 运用同样的操作方法绘制矩形，选择工具箱中的"填充工具" ◈，在隐藏的工具组中选择"渐变填充"选项，弹出的"渐变填充"对话框在自定义中设置起点颜色为粉色（C14、M100、Y18、K0），28%位置设置颜色为浅粉色（C2、M74、Y0、K0），终点位置设置颜色也为浅粉色，参数设置如图 14-116 所示。

*04* 单击"确定"按钮，为绘制的矩形填充渐变色，鼠标右键单击调色板上的 ⊠ 按钮，去掉轮廓线，效果如图 14-117 所示。

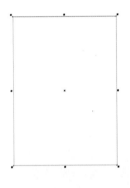

图 14-115 绘制矩形

图 14-116 渐变填充

图 14-117 填充渐变色

*05* 运用同样的操作方法，绘制矩形，单击调色板上的白色色块，填充颜色为白色，去掉轮廓线，效果如图 14-118 所示。

*06* 选择工具箱中的"折线工具" △，在绘图页面单击鼠标绘制图形，效果如图 14-119 所示。

*07* 选中绘制的所有图形，按下 Ctrl+G 快捷键，将它们群组。单击调色板上的白色色块，填充颜色为白色，去掉轮廓线，效果如图 14-120 所示。

图 14-118 绘制矩形

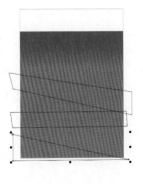

图 14-119 绘制图形

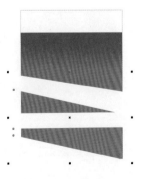

图 14-120 填充渐变色

*08* 选择工具箱中的"交互式透明工具" ⬜，在属性栏编辑透明度中选择"标准"选项，在开始透明度中设置数值为 93，效果如图 14-121 所示。

*09* 执行"效果"|"图框精确剪裁"|"放置在容器中"命令，单击绘制的矩形，将绘制的图形放置到渐变矩形中，效果如图 14-122 所示。

*10* 运用同样的操作方法，绘制两个矩形，如图 14-123 所示。

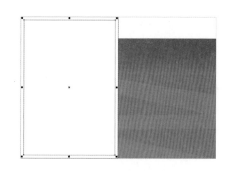

图 14-121　添加透明效果　　　　图 14-122　绘制图形　　　　图 14-123　绘制矩形

*11* 选择工具箱中的"形状工具" ，在矩形的顶点拖动鼠标绘制出圆角效果，如图 14-124 所示。

*12* 选中两个矩形，在属性栏中单击"修剪"按钮 ，按下 F11 快捷键，在弹出的"渐变填充"对话框中，设置颜色为从玫红色到深粉色（C40、M100、Y0、K0）的线性渐变，设置角度值为90，单击"确定"按钮，框选绘制的矩形，去掉轮廓线，效果如图 14-125 所示。

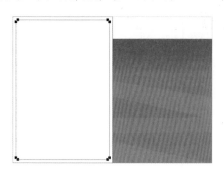

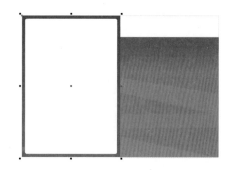

图 14-124　绘制圆角矩形　　　　　　　　　图 14-125　填充渐变色

*13* 运用同样的操作方法绘制图形，如图 14-126 所示。

*14* 选择工具箱中的"折线工具" ，在绘图页面单击鼠标绘制图形，如图 14-127 所示。

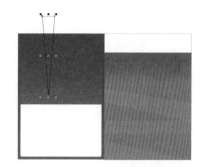

图 14-126　绘制图形　　　　　　　　　　图 14-127　填充渐变色

*15* 选择工具箱中的"选择工具" ，单击绘制的图形，将其处于旋转状态，将旋转中心移动到顶端，如图 14-128 所示。

*16* 将光标放置到顶端，变为 ↻ 时，旋转图形到合适的位置，单击鼠标右键复制图形，如图 14-129 所示。

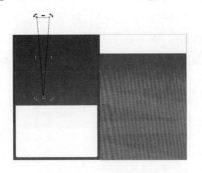

图 14-128　移动旋转点

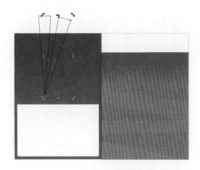

图 14-129　复制图形

*17* 多次按下 Ctrl+D 快捷键，复制图形，效果如图 14-130 所示。

*18* 选中复制的图形，将它们群组，按下 F11 快捷键，在弹出的"渐变填充"对话框中设置颜色为从玫红色到白色的线性渐变，单击"确定"按钮，为绘制的图形填充渐变色，去掉轮廓线，效果如图 14-131 所示。

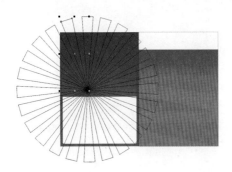

图 14-130　复制图形

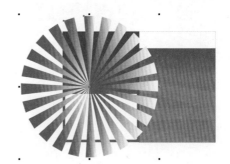

图 14-131　填充渐变色

*19* 选择工具箱中的"交互式透明工具" ⏣，拖动鼠标，为绘制的图形添加透明效果，如图 14-132 所示。

*20* 选择工具箱中的"选择工具" ⬈，将图形放置到绘制的矩形中，效果如图 14-133 所示。

图 14-132　添加透明效果

图 14-133　放置在矩形中

## 2．绘制广告主体

*01* 执行"文件"|"导入"命令，将素材导入到绘图页面，效果如图 14-134 所示。

*02* 选择工具箱中的"钢笔工具" ✒，在绘图页面拖动鼠标绘制图形，单击调色板上的白色色块，填充颜色为白色，去掉轮廓线，调整好图层顺序，效果如图 14-135 所示。

图 14-134　导入素材

图 14-135　绘制图形

*03* 复制图形，并填充不同的颜色，效果如图 14-136 所示。

*04* 分别选择工具箱中的"三点曲线工具" 和"椭圆形工具" ，绘制图形，填充颜色为白色，去掉轮廓线，效果如图 14-137 所示。

图 14-136　复制图形

图 14-137　绘制图形

### 3.　添加文字效果

*01* 选择工具箱中的"文本工具" ，在属性栏中设置字体为"方正超粗黑简体"，字体大小为 55，单击绘图页面，输入文字，单击调色板上的红色色块，填充颜色为红色，效果如图 14-138 所示。

*02* 复制文字，分别填充颜色为红色和白色，如图 14-139 所示。

图 14-138　输入文字

图 14-139　复制文字

*03* 选择工具箱中的"交互式调和工具" ，从白色文字上拖动鼠标到红色文字上，产生调和效果，如图 14-140 所示。

*04* 选择工具箱中的"选择工具" ，选中调和的红色文字，移动到合适位置。将调和的文字选中移动到合适的位置，并调整好图层顺序，效果如图 14-141 所示。

图 14-140　调和效果　　　　　　　　　　　图 14-141　调整文字

*05* 运用同样的操作方法，输入其他文字，效果如图 14-142 所示。

*06* 执行"文件"|"导入"命令，将素材导入到绘图页面，放置到合适的位置，效果如图 14-143 所示。

图 14-142　添加文字　　　　　　　　　　　图 14-143　导入素材

## 14.5 科技类—DVD 碟影机包装设计

本实例是一款 DVD 蝶影机的包装设计，在设计中，运用了统一的色调，文字运用彩色比较突出，且导入的图片吸引眼球。

**主要工具**：三点曲线工具、添加透视命令、交互式阴影工具

**视频文件**：avi\第 14 章\14.5.avi

➡ **制作提示：**

*01* 构思碟影机包装的操作流程；

*02* 新建大小为 A4 的空白文档；

*03* 运用"矩形工具"绘制背景；

*04* 运用 "三点曲线工具" 绘制图形;

*05* 导入素材,将素材放置在合适的位置;

*06* 运用 "文本工具" 输入文字;

*07* 将绘制的图形,执行 "添加透视" 命令,再运用交互式阴影工具,制作阴影效果,完成包装制作;

*08* 保存文件。

## 14.6 教材类——色彩构成封面设计

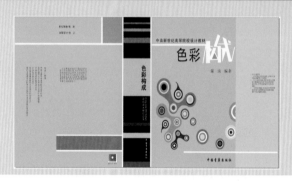

本实例设计一款潮流杂志封面设计,此款设计采用了空间的合理化创意让整款给人以美的感受,块面的几何分割让其整体都显得不那么拘泥。

**主要工具**:矩形工具、钢笔工具、椭圆形工具

**视频文件**:avi\第 14 章\14.6.avi

➡ **制作提示:**

*01* 构思书籍封面的操作流程;

*02* 新建大小为 A4 的空白文档,改变纸张方向;

*03* 运用 "矩形工具" 绘制背景;

*04* 运用 "椭圆形工具" 和 "钢笔工具" 绘制图形;

*05* 运用 "文本工具" 输入文字,完成书籍封面的制作;

*06* 保存文件。

## 14.7 教材类——设计管理务实封面设计

本实例设计一款设计管理务实封面设计,黄色带给人一种醒目、活力的视觉感,自由的图形使设计更加鲜明动感。

**主要工具**:矩形工具、填充工具、螺纹工具

**视频文件**:avi\第 14 章\14.7.avi

➡️ **制作提示：**

*01* 构思书籍封面的操作流程；

*02* 新建大小为 A4 的空白文档，改变纸张方向；

*03* 运用"矩形工具"绘制背景；

*04* 运用 "螺纹工具"和"钢笔工具"绘制图形；

*05* 运用"文本工具"输入文字，完成书籍封面的制作；

*06* 保存文件。